U0155246

# 蓑羽鹤

## 飞越喜马拉雅的旅行家

邹桂萍　赵序茅　著

江苏凤凰科学技术出版社

**图书在版编目（CIP）数据**

蓑羽鹤：飞越喜马拉雅的旅行家/邹桂萍，赵序茅著.
—南京：江苏凤凰科学技术出版社，2020.8
（野性中国）
ISBN 978-7-5537-9370-2

Ⅰ．①蓑… Ⅱ．①邹… ②赵… Ⅲ．①鹤形目－青少
年读物 Ⅳ．①Q959.7-49

中国版本图书馆CIP数据核字（2018）第139217号

**蓑羽鹤　飞越喜马拉雅的旅行家**

| | | |
|---|---|---|
| 著　　　者 | 邹桂萍　赵序茅 | |
| 策　　　划 | 左晓红 | |
| 责 任 编 辑 | 杨　帆　安守军 | |
| 责 任 校 对 | 杜秋宁 | |
| 责 任 监 制 | 刘　钧 | |

出 版 发 行　江苏凤凰科学技术出版社
出版社地址　南京市湖南路1号A楼，邮编：210009
出版社网址　http://www.pspress.cn
制　　　版　南京紫藤制版印务中心
印　　　刷　南京凯德印刷有限公司

开　　　本　718 mm×1 000 mm　1/16
印　　　张　12.75
插　　　页　2
版　　　次　2020年8月第1版
印　　　次　2020年8月第1次印刷

标 准 书 号　ISBN 978-7-5537-9370-2
定　　　价　48.00元

图书若有印装质量问题，可随时向我社出版科调换。

前言

全世界现存有 15 种鹤，蓑羽鹤是其中体型最小的，体重仅有 2~3 kg。因为它体型纤弱，生性羞怯，成鹤的眼后各有一簇白色耳羽，像极了姑娘的两簇小辫子，因此被称为"闺秀鹤"。

蓑羽鹤分布于北非、欧洲和中亚地区，在国内的繁殖地包括东北、西北和内蒙古。鹤类的婚配方式多为一夫一妻制，它们一般栖息在草原或湿地中，产卵之前在草垛上搭建巢穴，孵卵和育儿工作由雌雄双方共同承担。

蓑羽鹤在出壳之前，蛇类、渡鸦经常利用人畜在巢区内活动的时机，进入没有亲鸟看守的鸟巢，借此偷吃鹤卵。但是，如果出壳太早，突发性的恶劣气候对小鹤的影响也很大。5 月份的大雪，即便对成鹤来说，也有可能造成致命的威胁，比如因失去觅食和过夜的场所，然后因冰冻或饥饿而死。雏鸟在学会飞行之前，天敌主要有狼、赤狐、渡鸦和一些猛禽等，大天鹅也有侵犯鹤巢的行为。不过，蓑羽鹤主要的威胁还是来自家畜的干扰和人类的活动。

蓑羽鹤虽有"闺秀"之名，却没有名门小姐之命。尤其到了迁徙季节，它们要接受各种艰难险阻的考验，穿越"死亡之海"，挑战"地球之巅"，历经无法想象的危险，才能在越冬地和栖息地之间往返。

1991~1995 年，日本野鸟协会和其他的国际机构合作，利用无线电跟踪技术，确认了蓑羽鹤在亚洲中南部的迁徙路线。研究发现，来自蒙古和俄罗斯的蓑羽鹤南飞到天山山脉后，又分成不同的迁徙路线，但是几条路线都要穿越被称为生命禁区的塔克拉玛干沙漠。在这片 500 千米宽的"死亡之海"中，它们借助沙漠边缘的湿地和湖泊进行补给，然后飞往尼泊尔和印度的越冬地。其中，西部的一条迁徙路线绕过了喜马拉雅山脉，而东部的那条路线则是直接飞越了喜马拉雅山脉。

近几年来，国内的科学家利用无线电跟踪技术，在蓑羽鹤的迁徙路线上发现更加让人惊奇的事情！我国内蒙古和黑龙江的一些蓑羽鹤在春秋两季采用不同的迁飞路线。秋季，它们经过黄河源区，路过长江源头，歇息于藏南湿地，再飞越"地球之巅"珠穆朗玛峰，最终抵达印度西部的越冬地。春季，它们不是原路返回，而是沿着西北取道巴基斯坦，北上经阿富汗、乌兹别克斯坦，到哈萨克斯坦南部，往东经由蒙古国或我国新疆回到繁殖地。

在迁徙路上，虽然有经验丰富的老鹤带路，但是迁飞过程依然困难重重。因为要连续飞行、高空飞行，迁徙之前，新生的小鹤必须和上万只鹤群一起进行专门的飞翔训练。迁徙期间，雾天、雨雪天气、冰雹极端天气都会影响鹤群的视线，导致迁飞路上偏离路线，多绕弯路，浪费体力。猎枪、毒饵、陷阱更是害死了无数鸟儿的生命，蓑羽鹤如同惊弓之鸟，对观鸟者的镜头也感到害怕。

飞越珠穆朗玛峰是秋季迁徙路上最难的一战！鹤群面对的，是空气稀薄的高空，是严寒侵肌的低温，是来势汹汹的风暴，是不可预测的寒流，还有饥饿勇猛的金雕。但凡是体力不支的，卷入乱流的，或者被金雕抓走的，就走到了生命的终点。据估计，每年约有 5 万只蓑羽鹤飞越珠穆朗玛峰，而至少有 1 万多只蓑羽鹤会丧命在珠穆朗玛峰脚下。

在春季迁徙中，蓑羽鹤途经巴基斯坦和阿富汗，遭遇无数盗猎营地，见识各种不断推陈出新的陷阱，死伤让人触目惊心。战火地区，蓑羽鹤如果吃了化学污染的食物，可能影响回迁，以及导致将来产卵的卵壳偏薄，无法承受亲鸟的体重。

蓑羽鹤的迁徙，是一个克服艰难险阻、书写绝世传奇的励志故事。一年又一年，蓑羽鹤产卵、成长、迁徙、观看世界。假如这个世界没有污染，没有战火，没有盗猎，那蓑羽鹤会过得多么幸福啊！

赵序茅

# 目录

I

# 姐弟的草原

呼伦贝尔大草原，一对蓑羽鹤姐弟——青衣和鹤鹤出生了。在父母的精心哺育下，它们茁壮成长。

# 1

睁眼
看
世界

在一片地势较高、长满杂草的草墩中，有个隐秘的小窝。其中，有个小家伙还在长着褐斑的厚厚保护壳里睡懒觉，真舒服。这就是我们的主人公青衣。它将开启它的生命旅程。

在中国东北大兴安岭以西，有两个美丽的湖泊，分别叫做呼伦湖和贝尔湖。"呼伦"在蒙古语中是"雌水獭"之意，"贝尔"则意为"雄水獭"，寓意两个湖泊一阴一阳，生命在此生生不息。这里的确曾经鱼虾满仓，盛产水獭。乌尔逊河是两个湖泊的纽带，它起自贝尔湖北岸，北流223千米，注入呼伦。两湖中间有个牛轭湖，是由乌尔逊河的支流注入形成的，人们叫它乌兰诺尔。"乌兰"蒙古语意为"红"，"诺尔"意为"湖"，乌兰诺尔寓意秋天来临，芦荻花开，如红色的波浪。这个小湖又叫乌兰泡，和呼伦湖、贝尔湖合称"两湖一泡"。

在这片土地上，500多个小湖泊星罗棋布，3 000多条河流纵横交错，丰富的自然资源使呼伦贝尔草原成为世界著名的草原之一。呼伦贝尔草原总面积10万平方千米，是一个巨大的牧草王国。这里生长着1 352种维管束植物，其中可供家畜食用的野生植物794种，供养着黄鼠、草兔、绵羊、黄牛、骆驼等食草动物，还引来了黄鼬、狗獾、赤狐、沙狐、貉子、狼等食肉动物。303种鸟类或在此繁衍生息或中途停歇，这其中就有蓑羽鹤。

此时6月初，春天的阳光照耀着呼伦贝尔。乌尔逊河已经一片清澈，乌兰诺尔湖面还有点点残冰。茫茫草原上，有的地方冰雪覆盖，有的黄绿相间，有的一片绿意。在乌兰诺尔湖边，草甸沐浴着温暖的阳光，汲取地表径流的水分，长得愈加茂盛。

在一片地势较高的、杂草较多的草墩中，有个隐秘的小窝。其中，有个小家伙还在厚厚的长着褐斑的保护壳里睡懒觉，真舒服。

忽然，它听到了周围有动静，好像是什么动物在靠近。它只听到几点窸窣的脚步声，看不到对方的真面目。还没来得及翻身，忽然，那"怪物"凑近了它的保护壳，投下一片黑影。它吓得张开了大口，在掩住嘴巴之前，一声无意识的"唧唧"声已经传了出去。

"咕咕"，一只雌蓑羽鹤朝着草丛的方向叫唤。它刚晾好卵（晾卵：鸟类孵卵时，有时会故意起身，让卵暴露在空气中），准备继续孵化，不料听到卵壳中的动静。它不知道等待的那一天是否就要到来。孵化已经到

○ 呼伦贝尔草原

了后期，亲鸟都不外出觅食，只在鸟巢周围寻找新长的植物嫩芽。特意留着这些家门口的嫩芽，就是在这几天可用于果腹。

雌鹤向草丛望去，只见绿斑点缀的枯褐色的草堆里探出一个长长的脖子，这便是雄鹤的脑袋。雄鹤听到了呼唤，朝这边观望，然后跛着大长腿，几步就走了过来。

原来是妈妈啊，小家伙心口的大石头终于卸下。它听到一声遥远的应答，紧接着就是一阵急促而轻微的脚步声。那脚步声近了，更近了，然后卵壳中见到另一个黑影投了下来。

小家伙想知道外面是谁，就用尖尖的嘴巴去啄卵壳。

卵壳外面，雄鹤目不转睛地盯着。在确定听到几声咔咔声后，它高兴地叫了出来，像是家长给孩子的鼓励。

这时，只听见"咔"的一声，小家伙的卵壳忽然裂了一条细小的缝隙。接着卵壳被凿出一个小孔，如豆子般大小，通过小孔可以看到肉红色的小嘴。这一刻，一对新父母屏气凝神，盯着眼前的至宝，暂时忘记了生存的压力，忘记了天敌的迫害。

可是，卵壳很快就没动静了。鹤妈妈通过小孔一看，才知道这孩子蜷缩着，又睡着了。好家伙，父母已经等了30天了，它还不肯出来。亲鸟又等了一下午，但是直到天黑也没有动静。

整个孵卵期间，蓑羽鹤夫妇分工合作，一般是鹤妈妈负责孵卵，鹤爸爸负责警戒。每隔一段时间，鹤爸爸过来替换鹤妈妈孵卵，好让它在巢周边二三百米的地方觅食。它们轮流孵卵，不求规律，一日之中，多则 7 ~ 8 次，少则 2 ~ 3 次，越到后期越少。夜晚，鹤妈妈把卵护在腹下，鹤爸爸就在巢的周围歇息。

夜幕降临以后，雌鹤担心严寒冻坏了未出壳的鹤宝宝，只好保持蹲着的姿势，一动不动。有时腹下传来若有若无的声响，它虽然好奇，却不敢起身，有一种初为人母的不知所措。

第二天清晨，太阳还未出来，温度仍在零度以下，草原上弥漫着雾气

○ 蓑羽鹤卵

○ 蓑羽鹤 母子 - 西山物语　拍摄

凝结的气息。这是今年最后一股寒流，真冷！蓑羽鹤爸爸起身张开翅膀，抖擞几下，细小的冰晶就顺势滑落。其实，鹤妈妈的头部、背部也沾满了小冰晶，但它半眯着眼，岿然不动，用体温来温暖巢中的儿女。

雄鹤走近鸟巢，示意换孵。这时东方的地平线逐渐有了色彩，借着微微曙光，可以看见眼前的草地结了一层银白色的薄霜，仿佛李白的诗句所说的"床前明月光"。雌鹤站了起来，它刚一踏出鸟巢，雄鹤就立刻在巢中蹲下。雌鹤抖了抖头部，晃了晃翅膀，然后就在周边抓紧时间觅食。植物的轮廓被霜勾勒出来，像是一幅幅精美的剪贴画；一口植物嫩芽夹杂着冰晶，品出了几分寒冬的味道。

呼伦贝尔的春天总是姗姗来迟，但是随着冷空气逐渐退缩，天气日益暖和，草原上的动物很快就要迎来一场春季大狂欢。蓑羽鹤家族对此早有先见之明，它们就是大自然的智者，善于聆听物候的声音。成鹤提前一个多月抵达呼伦贝尔草原，等到小鹤孵出，恰好能赶上草长花开的季节。随着寒流离去，越来越多的植物开始萌芽，出壳的鹤宝宝就不用挨饿了。

鹤爸爸护着腹下的卵，不知道小家伙什么时候继续活动、破壳而出。它静静地聆听细小的声音，可是除了微风掠过，就什么也听不到。等到雌鹤回来，太阳已经老高了，地面褪去白霜，露出青褐相间的植被。雄鹤起身，走出鸟巢去觅食。这时昨日豆大的小孔已经变成了一条裂缝，从中可以看到雏鸟青绿色的嘴基和灰褐色的绒羽。蓑羽鹤夫妇转换角色，鹤妈妈孵卵，鹤爸爸在不远处觅食。

日上正中，暖意在草原上传播，草丛、灌木都在贪婪地吸收能量。雄鹤回来换孵了，但是雌鹤一步也不肯离开鸟巢。阳光晃得厉害，加上没有动弹，不一会儿雌鹤就发困了。它半眯着眼睛，雄鹤在一侧把风。

忽然，腹下有了动静，雌鹤赶忙起身。这时，卵壳忽然"啪"的一声响，裂缝继续扩大，灰褐色的身体一伸一缩，像在喘着粗气。小家伙就像一个坐着蛋形飞碟的外星人，在缓缓地开启一个旅行舱。

小家伙休息一会，挣扎一会，好久才把头顶的卵壳完全弄开。之后，它蜷缩着休息，嘴里频频发出"唧唧"声，奶声奶气的，有点像夏日的蝉鸣。到了下午，小家伙才把下半身从卵壳里挪出来。它翼脚乱动，步履艰难，只能趴在地面上，脖子立不起来，头部贴地。

蓑羽鹤是早成鸟，一出生就能睁眼，有绒羽，并且很快就能出巢活动。小家伙向上望去，妈妈长得好漂亮啊！头侧、喉部黑色，通体被有蓝灰色的蓑羽。前颈的黑色羽延长悬垂于胸部，眼后各有一簇白色耳羽，像极了姑娘的两簇小辫子。说起这两簇"小辫子"，还是蓑羽鹤被叫作"闺秀鹤"的一个重要原因呢。

鹤爸爸把脑袋挤了过来抢镜头。小家伙望了望它，又望了望妈妈，有了一个重大发现：爸爸的眼睛是红色的，妈妈的眼睛是橘黄色的！

另一边，鹤爸和鹤妈双双盯着这个刚出生的小家伙。它看起来就像一只落水的小鸡，身上的绒羽未干，贴在弱小的躯干上。头部土黄色，嘴基青绿色，嘴尖肉红色，身体灰褐色，青灰色的跗蹠（脚）还有水肿。很难想象它日后会长成母亲的模样！

第一天出生的鹤宝宝不吃东西，第二天才由父母喂食。鹤爸和鹤妈虽然可以吃喝，可是，在第一个宝宝孵出后，鹤妈妈焦急地等待第二个宝宝的出壳，一步也不肯离开鸟巢。这天它不吃不喝，一边孵卵，一边睡觉。一日中，鹤妈妈晾卵的次数从前期的 7 次减少到 2 次，时间也从 60 分钟减少到 5 分钟。它迫不及待地想要迎接第二个宝宝的出壳。

这时天色渐黑，一切景物都慢慢消失在视野中。雌鹤蹲伏，继续孵卵。而刚出生的小家伙主动地用身体去蹭妈妈，找到它翅膀下的羽毛，本能地钻了进去。妈妈的身体成了它的床垫，翅膀则是它的被子，好温暖！它享受着此时的舒适，毫不知道日后将要欣赏的风景和面临的挑战。

对了，这个小家伙的名字就叫青衣，是一只雌鹤。

## 蓑羽鹤

　　蓑羽鹤是鹤科鹤属的鸟类，中国国家二级保护动物，是世界现存15种鹤中体型最小的一种。蓑羽鹤头、颈、胸黑色，眼后各生有一簇白色长羽，蓬松分垂，状若披发，故称"蓑羽鹤"。蓑羽鹤生性羞怯，不善与其他鹤类相处。因为举止娴雅、稳重端庄，符合古典闺阁淑女的形象，因而又被称为"闺秀鹤"。

　　蓑羽鹤栖息于欧亚大陆和非洲的荒漠、半荒漠地区，种群数量很大。在我国繁殖于新疆、内蒙古和东北西部，范围涉及新疆西部及北部，宁夏，内蒙古的科尔沁及呼伦贝尔盟，青海湖，黑龙江的齐齐哈尔和吉林的向海、莫莫格、查干湖等地。迁徙时见于青海东部、甘肃、山西、辽宁双台河口、河北北戴河等地，新疆塔克拉玛干沙漠边缘和巴里坤湿地是其主要停歇地。越冬期在西藏南部、河南豫北黄河故道等地曾观察到少量个体，但是毕竟我国不是蓑羽鹤的主要越冬地，越冬种群数量较少。

○ 蓑羽鹤

○ 白枕鹤

○ 沙丘鹤

○ 赤颈鹤

## 中国鹤家乡

鹤类属大型涉禽，分布在除南极洲和南美洲以外的各个大洲：非洲栖息着黑冠鹤、灰冠鹤、蓝鹤、冕鹤和肉垂鹤，北美洲居住着美洲鹤和沙丘鹤，大洋洲产有澳洲鹤，在亚洲则有蓑羽鹤、赤颈鹤、丹顶鹤、白枕鹤、白头鹤、白鹤和灰鹤等。值得骄傲的是，中国分布有黑颈鹤、赤颈鹤、丹顶鹤、白头鹤、白枕鹤、白鹤、灰鹤、沙丘鹤和蓑羽鹤9种鹤类，其中有6种在华夏大地上繁殖。中国是世界鹤类种类最多的国家，可谓是名副其实的鹤家乡。

自古以来，鹤类就受到人们的喜爱。在世界范围内，鹤文化体现在全世界的诗歌、绘画、雕塑、文学、音乐及舞蹈等艺术中。在中国传统文化中，鹤类有长寿、幸福、高雅等象征。"松鹤延年"传达了古今人们的长寿愿望，"梅妻鹤子"体现了名人隐士的情操，"鹤立鸡群"可赞扬一个人的仪表或能力出众。现如今，鹤类独特的生态价值倍受人们的重视，因其栖息繁殖于湿地中，人们将它称为"湿地之神"；因其对湿地的变化十分敏感，故而又把它当作"环境变化指示灯"。

# 2

## 姐弟
## 相斗

巢中还有一枚卵，破壳而出
的是青衣的弟弟——鹤鹤。淘气的
姐弟俩出生没多久就打闹起来，
连巢都打翻了。这下可怎么呀？

鹤爸和鹤妈把心思倾注在青衣的身上，竟然没有注意到第二枚卵的动静。里面的另一个小家伙名叫鹤鹤，它被青衣的聒噪声吵得睡不着，只想破壳出来和她理论。鹤鹤是个愤怒的弟弟，小嘴一啄，卵壳就破了个洞。鹤爸和鹤妈的耳边充斥着青衣的"唧唧"声，完全没注意到它。接着，它就被塞回鹤妈妈腹下了。这是头一天的事情。

夜里，一片黑暗，满天繁星，刚出壳的青衣在鸟巢中睡去，唯一听到的是风沙扫过的呼呼声。鹤爸爸不时起来走动，靠近鸟巢时，将脖子靠向鹤妈妈，颇有相互依偎、岁月静好的意味。鹤妈妈蹲着不动，等待另一个天明。

次日清晨，青衣醒来鸣叫，鹤爸和鹤妈作出回应。鹤鹤听到了外面的声音，像是得到了莫大的鼓励，继续啄壳，不一会儿就啄开了裂缝，露出了脑袋，发出"唧唧"声。鹤妈妈腹下，温暖的鸟巢在黎明的曙光中逐渐热闹起来。

此时气温仍然很低，鹤爸爸换孵，而鹤妈妈自昨天清晨以来第一次得以进食。太阳缓缓上升，鹤爸爸腹下不时传来青衣的"唧唧"声，和鹤鹤的"咔咔"声，两种声音相互交织。鹤鹤的力气不大，只好啄一会儿，停一会儿，睡一会儿。太阳的威力不敌晨风的清凉，鹤爸爸略微调整了姿势，将鸟巢捂得严严实实。

临近中午时分，鹤妈妈才回巢，它好好地享受了这段独处的时光。接下来的育雏期，两个孩子将会像跟屁虫一样片刻不离，紧黏着它，它是片刻也不得走开。此时，鹤爸爸从鸟巢起身，两只小鹤便一起出现在父母的眼前。

青衣1日龄了，它身上的绒羽完全干了，看起来像是一个毛茸茸的玩偶。青衣跗跖上的肿胀还没消除，还不能平稳地走路。鹤妈妈第一次进行喂养，它将嘴里的小鱼喂给青衣。青衣很快吃完小鱼，用两翼支撑身体，挣扎想要离开鸟巢。鹤妈妈不想让它出来，就用头部触摸一下它，像人类在抚慰不安的孩子。

这时，鹤鹤把卵壳的上半部分掀开，一边蜷缩着，一边鸣叫着。青衣转过身去，安静地观察起来。只见一个巨大的卵壳像一块巨石横亘在面前，看不清后头有些什么。它缓慢地绕过蛋壳，看到了巢底趴着一个脑袋。鹤鹤的绒羽略显湿润，一身草棕色的绒毛，头顶略显橙色，下颌和腹部好像又抹上一层淡淡的灰白，和鸟巢内的枯草融为一体。

　　鹤妈妈的眼里充满了爱意，它用头部触摸了鹤鹤，像在给儿子鼓励。鹤鹤得到了认可，就更加肆无忌惮地鸣叫起来。青衣见到妈妈只看着鹤鹤，它也"唧唧"地叫起来，似乎这是一次三方会谈。

　　下午，青衣几次想要挣扎着爬出鸟巢，都被鹤妈妈阻止了。说是鸟巢，其实只是一个用枯枝堆起的稀疏的草垛，雏鸟毫不费力就可以出巢。不过，此时鹤鹤还没完全出壳，而巢穴的周围有小水沟，还有天敌等危险因素，鹤妈妈要时时留心，不让孩子乱走。

　　鹤爸爸中途回来探看，每次回来就给青衣带吃的，有时是小鱼小虾，有时是植物的嫩芽。到了傍晚时分，鹤鹤才真正破壳而出，此时距离它在卵壳上啄出第一个洞已经过去 26 个小时了。刚出生的鹤鹤站立不稳，脖子无力，头立不起来，只能趴卧在地上。夜晚，青衣和鹤鹤都钻进妈妈的翅膀下面睡觉。

　　夜伏昼起，又一天过去了，鹤妈妈外出觅食，鹤爸爸负责看孩子。爸爸不敢走远，只是在鸟巢附近找吃的东西。鹤鹤用翅膀支撑身体，朝着鸟巢外面观望。而青衣"手脚"并用，想要爬出鸟巢，但是草垛离地面有点距离，它不敢跳下去，只好叼着巢里的枯草玩儿。鹤鹤也有样学样，用嘴巴扯出几根枯草。两姐弟好像在比赛收集枯草一样，看看谁取得最多。可怜那原本就松散的鸟巢，这下子多出了几个窟窿。

　　鹤鹤正叼着一根枯草，谁知那根枯草缠得太紧，鹤鹤用尽全身力气一拉，忽然"啪"的一声，嘴里的枯草被拉断成两截，鹤鹤一时重心不稳，踉跄地撞向了青衣，青衣连忙往一旁躲开。两个小家伙唧唧鸣叫。这时，巢边的鹤爸爸过来查看情况。它把口里的鱼虾喂给青衣和鹤鹤，并用低沉

○ 蓑羽鹤父子

而慈爱的声音安抚它们。

随后，鹤爸爸放心地去周边巡逻了。谁知道，它刚一走，巢中的两个小家伙又干起来了。这次不知为何，青衣激动地站了起来，朝着鹤鹤走过去。鹤鹤也毫不示弱，抬头挺胸，向前迈了一步。两姐弟的争斗一触即发，相互撞击、拍打、叨啄，扭在一起。两只小鹤谁也不肯相让，越打越凶，难分难解。

鹤鹤略处下风，它赶紧逃到一边，青衣在后面气势汹汹地扑了上来。鹤鹤一个躲闪，青衣就撞到了枯草稀疏的巢边，整个脑袋扎了进去。它只好用爪子扒着巢底，让脑袋缩回来。巢底原本就因为姐弟俩扯枯草玩多了几个洞，现在再被青衣扯几下，洞就更大了。等青衣再追鹤鹤的时候，鹤鹤无处躲避，挣扎了几下，就掉进鸟巢的窟窿下面去了。两姐弟唧唧叫着，父母却没有回来。青衣只好找到鸟巢较矮的一边，眼看就要往巢外走去。

就在这时，鹤爸爸看到青衣正要钻出鸟巢，赶紧三步并成两步跑了回来。可是怎么只有一个孩子？它紧张得不知如何是好。鹤爸爸一边咕咕地叫唤，叫鹤妈妈回来共商寻找，一边帮助青衣走出鸟巢，让它先躲在周围的草丛中。鹤妈妈立刻赶了回来，只听到巢中传来唧唧声，却不见孩子的身影。它一探头，才发现这个小家伙掉到草垛的窟窿里了。鹤爸鹤妈只好用嘴啄出一条通道，让孩子出来。

天呐，这两姐弟居然把鸟巢都扯烂了！鹤爸爸看着鹤妈妈，两人面面相觑。这个鸟巢可是费了一番工夫才建成的。

那是4月末，这对"新婚夫妇"从附近衔来草料，然后飞回巢址丢下。它们本来计划筑一个椭圆形的鸟巢，可是第一个鸟巢才筑到一半，就发现"地基"不稳，地面不平，鸟巢摇摇晃晃地往一边倒。两夫妻不得不重新选址。这一回筑到三分之一的时候，雌鹤试着蹲伏，结果鸟巢太小，根本容不下它的身躯，只好扩建和修补。

最终，鸟巢勉强成形了，可是鹤妈妈也临产了。它极度不安，鹤爸爸赶忙警戒。鹤妈妈来回踱步，然后步入巢中，用嘴整理巢形，接着伏卧。

20 分钟后，它头胸抬起，经几十秒产下一枚卵。第二天产下第二枚卵。产卵之后，鹤爸爸还在继续修补鸟巢，没想到还是不够坚固。

鸟巢被姐弟俩破坏之后，鹤妈妈"咕咕"叫着，像是在责备鹤爸爸。鹤妈妈的担忧是有道理的，因为小鹤这时候还很脆弱，要是遇到雨雪天气，在巢外怎么过夜啊？鹤爸爸只好从地上衔起一根枯草，勉力对鸟巢进行修补。

但是鸟巢损坏得实在太严重了，蓑羽鹤夫妇要忙着给孩子觅食，将鸟巢修复如初不太现实。好在眼前孩子都在，有惊无险。现在只能祈祷上天有好生之德，给两只小鹤一条活路：温和的天气，充足的食物。

## 蓑羽鹤筑巢育雏

在繁殖期间，蓑羽鹤多生活在荒漠或半荒漠草原上，选择一片浅水沼泽草甸，或其边缘的干草地筑巢。筑巢材料十分简陋，位于干草地上的巢甚至没有巢材，只是利用地面植被或凹窝产卵。蓑羽鹤为一夫一妻制，孵化期双亲都参与孵化，日换孵 6 ~ 8 次，到后期逐渐减少。雏鸟临近出壳时，双亲外出觅食不会走远，仅在以巢为中心的方圆几百米以内活动。遇到危险的时候，觅食的鸟立刻飞回防御。

我们在巴音布鲁克草原的沼泽地（水深 20 ~ 70 厘米）中研究了一些蓑羽鹤的巢。通过测量得知，蓑羽鹤鸟巢外径 45 ~ 50 厘米，内径 25 ~ 30 厘米，巢深 2 厘米，高出水面 5 ~ 6 厘米。蓑羽鹤窝卵数 2 ~ 3 枚，卵呈青灰色，具红褐斑，钝端的斑联成大块，卵壳厚度 0.66 ~ 0.68 毫米，重量 128±13.6 克。

蓑羽鹤为早成鸟，雏鸟出壳后第 2 天便可出巢，通体均被驼色绒毛，腹部白色，上背深褐，头为驼黄色，颈部较淡，腿脚青灰或灰色，嘴为青灰色，嘴端有白色破卵斑（卵齿）。育雏期间，成鹤从早到晚带领幼鹤在巢区范围内觅食。出壳后的幼鹤要在父母的共同关爱下，进行各种行为练习，如行走、觅食、奔跑、飞翔等技能。

3

## 草原上
## 的
## 伙伴

春天的大草原十分美丽，
地上像铺了一层轻纱般的绿
地毯，还零星点缀着几多小
花。在大草原上，还有丰富多
样的物种与青衣一家相伴。

看到两个孩子打架的情形，鹤爸和鹤妈很是担忧。雏鸟打架会降低其生存的概率，因为较弱的雏鸟可能抢不到食物，然后越变越弱，最终死去。随着雏鸟渐渐成长，它们会越打越凶，斗殴时甚至不吃不喝。食物丰富时也还罢了，如果遇上资源缺乏，小鹤进食不够，长得不够强壮，就不能有效地和天敌周旋。即使躲得过天敌，到了迁徙的季节，它们无力远飞，最终也会被鹤群遗弃。

因为青衣和鹤鹤打架，鸟巢废弃了，鹤爸和鹤妈只好带着它们在草甸中觅食。离巢之后，青衣才发现外面的世界非常漂亮！地上刚长出的新芽像一层轻纱般的绿地毯，笼罩着去年留下的杏黄色的枯草，其间零星地点缀着几朵小花。有的花草没过它们的头部，只要蹲下来，就可以和妈妈玩捉迷藏了。两只幼鹤在妈妈后面左摇右摆地踱着脚步。

鹤妈妈身后跟着两个小孩，它只在鸟巢附近浅水滩或草滩上活动。鹤爸爸有时在不远处巡逻警戒，遇到不怀好意的入侵者，或者直接警告、驱逐，或者不停鸣叫，向妻儿发出警报。

现在蓑羽鹤夫妇变得十分繁忙，它们整天都忙着捉昆虫和鱼虾，喂养两个嗷嗷待哺的孩子。鹤妈妈觅食的时候，孩子们就观摩如何捕猎。那些活蹦乱跳的虫子，青衣总是还没看清，就被鹤妈妈一口吞下了。在这样的观摩中，青衣和鹤鹤不知不觉地积累了许多觅食的知识。

后来，青衣终于能够自己发现草丛中的虫子了。这次，一只草地螟的幼虫正在草叶上啃食。草地螟属螟蛾科，成年后会像蛾子一样飞。不过，这只幼虫还是条肉乎乎的肉虫子，淡绿色的背上有许多褐色的纵纹。它把叶子啃得残缺不全，仅剩叶脉，像一张残破的渔网。不一会儿，它爬到叶子背面，倒悬着爬行。青衣一不注意，那只虫子就已经"消失"得无影无踪。天哪，这是哪来的障眼法，简直不敢相信自己的眼睛！

虫子跑了，青衣只好转身去追妈妈。忽然，背后传来什么声音。青衣回头一看，只见一只黄鹡鸰往褐色的草茎上一啄，那只草地螟幼虫就被它叼在口中，三两下就吞进了肚子。原来，小虫子爬到叶茎上，体色隐在背

○ 草地螟幼虫

○ 鹤爸鹤妈带着雏鸟在草甸中觅食

景中，只要它一动不动，就能在青衣的眼皮底下完美地隐身。

黄鹂鸲吞下虫子，就扑打着翅膀，一边"唧唧"地叫着，一边一弹一弹地飞向远方，像是一个在空中弹跳的球。青衣想想虫子，看着黄鹂鸲，不由地出神愣在原地。等它反应过来，就马上往黄鹂鸲的方向跑去，想把虫子追回来。可是它还不会飞，最后一头扎进草丛的缝隙中。

这时，鹤妈妈回头，发现孩子不见了一个，赶紧"咕咕"叫唤。它看见黄鹂鸲飞走了，以为和青衣有关，就往这边走来。鹤妈妈从草丛上方看不到青衣的身影。反倒是鹤鹤个头矮小，朝着草丛平望过去就看到了。它一边靠近草丛，一边"唧唧"叫着。

这时，青衣的脑袋从草丛中探出来，仰头望着妈妈。今天才是离巢的第一日，它已经学到很多东西啦。

离巢几日后，天气渐渐变暖，不过到了夜晚，雏鸟还是躲在鹤妈妈腹下取暖。起初，蓑羽鹤夫妇只在巢的周围觅食，但是食物很快就告急了。再加上多了两张嘴要吃饭，一家子只好向草原深处走去。

茫茫草原上，绿草如茵，天空湛蓝，白云朵朵。苍穹之下，鹅黄和嫩绿随意涂抹，平地和土丘在七彩阳光下幻作一片金黄。白云过处，地面投下阴影，草原上明暗相衬，更加富有动感。河流静静流淌，多如繁星的羊羔在河边走动，高大强壮的骏马并肩而行。

青衣开始啄食嫩芽，但是还抓不到虫子。一般都是鹤爸、鹤妈抓了虫子，然后喂给姐弟俩吃。这天，青衣正在等着妈妈喂食，忽然远处走来一群庞然大物。它们身上的毛色各不相同，斑点形状也各不相同，有黄底白斑的，有白底黑斑的，也有黑底白斑的。这些四脚的动物个个膘肥体壮、行走稳健，头顶都有一对微微上翘的角。这就是黄牛。

黄牛边走路边吃草，有几头朝这边靠近。鹤爸和鹤妈进入警戒状态，它们伸长了脖子，紧密监控黄牛的距离。这些庞然大物，要是靠得太近小鹤就有可能命丧牛蹄之下。有一头黄牛没拿捏好距离，猛然靠得过近，鹤爸、鹤妈即刻挺身而出，挡在孩子前面。它们张开翅膀，竖起颈部毛发，让自

○ 蓑羽鹤和牛群 – 西山物语　拍摄

己看上去更加强壮。黄牛看这架势，没再往前，只是撤到一边，继续吃起草来。

但不是每次都这么好运，黄牛并非必须礼让，只是懒得计较。有一次，黄牛靠近时，鹤爸爸也是上前挡着，可是黄牛不但没走开，反而加快速度，越冲越近。鹤爸爸看到对方来势汹汹，赶紧拍打翅膀起飞，最终才幸免于难。鹤妈妈看到形势不好，只好带着青衣和鹤鹤离开那片肥美的草地，转移到别处去。

一路上都是黄牛啃过的地方，没有多少食物。走着走着，鹤妈突然张开翅膀，往前方飞去。青衣快速奔跑，但是它不会飞，只能看着妈妈越飞越远的背影。妈妈不要青衣和鹤鹤了吗？它们只好仰望天空，喟然长叹。不过，本能驱使它们在脚边寻找可吃的嫩草。

鹤妈妈边飞边叫，很快就听到鹤爸爸的回应。它们会合之后，又分头去找食物。鹤妈妈不敢离开太久，就马不停蹄地飞回孩子所在的地方。它远远地就在空中看见青衣和鹤鹤正在打架。

刚开始姐弟俩扭打在一起，双方互相拉扯，打了几个滚后分开了。鹤鹤在前面跑，青衣在后面追。到了浅水滩旁，鹤鹤忽然急刹车，来了个急转弯。青衣不明所以，还以为是手到擒来，就更加凶猛地冲了过去，谁知一不小心就滚到了水里。它在水中挣扎，扑打着翅膀。

这时鹤妈妈赶到浅水滩，看到青衣没有下沉，断定水不深。它直接落在青衣身旁，咕咕叫唤着鼓励它站起来。

青衣一看，水才到妈妈小腿的一半，这才跟跄几步，站了起来。它赶紧抖了抖身上的水花，感到一阵寒冷。蓑羽鹤雏鸟没有防水的蓑羽，因此害怕雨雪的侵袭。这下落了水，青衣冷得瑟瑟发抖。妈妈用脖子护着青衣的身体，鼓励它沿着水滩边缘走上干燥的草地。幸好是大中午，阳光给了青衣温暖。

鹤爸爸回来了，先走近观看青衣，看到它的绒羽已经快干了。接着鹤爸爸往天上飞去，而鹤妈妈带着孩子往它飞走的方向走去。妈妈迈着大长腿，走得那么快，青衣快跟不上啦，只好"吭哧吭哧"地向前奔跑。

　　幸好，鹤爸爸找到一块好地方。这里草丛繁茂，像一片绿色的海洋，上面点缀着许多白色的花朵，一只带黑斑的橙色蝴蝶在花丛中翩翩起舞。青衣盯着一株蒲公英，它的果实像个白色绒球，由无数把"小伞"向外撑开组成。忽然一阵风过，"小伞"乘着风力，向远方飞去。

　　看见爸妈和弟弟都在埋头进食，青衣也赶紧吃起来。

黄鹡鸰
————

　　黄鹡鸰是雀形目鹡鸰科鹡鸰属的鸟类，栖息于欧亚大陆和北美洲，国内很多地区都有分布。它的头顶一般为蓝灰色或灰色，上体橄榄绿色或灰色，眉纹为白色、黄色或黄白色。它的两翅黑褐色，中覆羽和大覆羽具黄白色端斑，在翅上形成两道翅斑。尾黑褐色，最外侧两对尾羽大都为白色。黄鹡鸰的黄，在于它的成鸟喉部、胸部、腹部和臀部是明亮的黄色，在繁殖期尤其明显，给人一种俏皮的感觉。不过，黄鹡鸰的亚成鸟下体却是白色的，长大后才逐渐变成黄色。

　　黄鹡鸰多成对或成三五只的小群活动，迁徙期亦见数十只的大群一起活动。食物种类主要有蚁、蚋、叶蝉，以及一些鞘翅目、鳞翅目昆虫等。黄鹡鸰飞行时，两翅一收一伸，呈波浪式前行，就像皮球一样在空中一弹一弹地飞过。在飞行时，黄鹡鸰常常边飞边叫，发出"唧唧"的鸣声。

○ 黄鹡鸰

4

## 警报
## 拉响

草原虽然十分美丽，可是也危
机四伏。不仅有狐狸这样的中型食
肉动物，还有随处可见的有毒植
物也威胁着年幼蓑羽鹤的生命。

短暂的春天很快就过去了，呼伦贝尔迎来了夏天。因为地处内蒙古高原，呼伦贝尔的气候与中国大多数地方都不同。这里的春、夏、秋三季各只有2个月，而冬天足足有6个月。5～6月为春天，干旱多风沙；7～8月是夏天，多风多雨；9～10月为秋天，秋高气爽；11月～次年4月是冬天，严寒而漫长。

夏天是呼伦贝尔最美的季节，各种各样的野花争相开放。菊科的狗娃花长得像菊花，淡淡的蓝紫色舌片从金黄的花冠中心伸展开来。紫红色的大花棘豆开始结出荷兰豆一般的荚果。地榆、金莲花、细叶婆婆纳，还有许许多多叫不出名的小野花，给草原染上太阳的七彩色。

油菜花也开了，铺满山丘。养蜂人的箱子放在茂密的油菜花旁，许多小蜜蜂在花朵上来回亲吻。蝴蝶在花枝上流连忘返，鼩鼱在野地里挖食蚯蚓。7月的草原真美！

青衣已经出生一个月了，体重、体长直线上升，跗蹠也在缓慢生长，绒羽上的褐色渐渐少了，而灰色渐渐多了。

蓑羽鹤一家正在觅食的时候，忽然青衣发现一株美丽的植物，每一根茎上开有十几朵小花，组成一个花团，像极了一束束新娘的捧花。未开的花为红色，已开的为白色，仿佛是雪白的百合簇拥着大红的玫瑰。看，花朵上飞来一只七星瓢虫，正贪婪地吮吸汁液。

青衣正要去啄食，就听到鹤鹤在一旁"唧唧"叫着。青衣循声望去，只见植株旁边有几只虫子的尸体，看起来还是新鲜的。鹤鹤叫来妈妈，好像在说，这下可以大餐一顿了！这时，走近的鹤妈妈突然发出一阵警告声。青衣学着父母平常警戒的样子，四处观望，可是没有发现天敌。

青衣顺着妈妈的眼光，看了看花朵上的七星瓢虫，发现它正扭成一团，然后掉到地上，挣扎了一会儿就不动了。地上的虫子尸体想必就是这么来的！很难想象这么美丽的花朵居然有毒。

其实，这就是牧民憎恨的瑞香科狼毒花。狼毒花的汁液含毒，会引起动物胃肠道的强烈毒副反应，它也因此被列入"断肠草"的名单。狼毒花还被视为草原荒漠化的一种灾难性的警示，它的出现常常意味着草原环境的恶化。

鹤妈妈赶紧带着青衣和鹤鹤远离那种植物。

刚刚走出这片植被稀疏的野地，到了杂草较多的地方，就听到空中的鹤爸爸传来警报，鹤妈妈知道食肉动物来了。它们简直是"黑白无常"，无时不用索命的眼光盯着稚嫩的雏鸟。母子三个按照鹤爸爸的指导，躲到浓密的草丛深处。

才以为溜之大吉，得以脱险，谁知鹤爸爸又发出了另一种警报。原来，起初出现一只野狼，鹤爸爸引导它们躲进草丛，可是又在草丛里发现了狐狸。狡猾的狐狸早把鹤爸爸的举动看在眼里，它知道周围肯定有幼鹤，于是加紧搜寻。

鹤妈妈侧身一望，只见狐狸在几十米外的地方一路搜查。这个距离太危险了，如果它看清幼鹤的位置，几秒钟就可以飞奔过来。鹤妈妈只好和幼鹤分开，往相反的方向走。同时，青衣和鹤鹤分开，就像鸡蛋要放在不同的篮子里那样，这样做可以分摊风险，避免被一网打尽。

狐狸一边跟随鹤妈妈，一边谨慎地四周查看，似乎已经知道了鹤妈妈的计划。为消除狐狸的戒心，鹤妈妈假装慌张起飞，它用力拍打着右翼，但是左翼往下拉耷，一副受过伤的样子。对鸟类来说，失去了翅膀就等于死亡，因为面对食肉动物的追捕时无力逃脱。

青衣透过杂草顶端的缝隙，看到妈妈这副模样，以为它被狐狸抓伤了翅膀，吓得赶紧往另一个方向逃跑。它望见鹤爸爸在不远处的天空盘旋，就往那个方向走去。

鹤妈妈的表演如此逼真，狐狸信以为然，以为雌鹤即将成为它的口中之物。鹤妈妈见狐狸上当，就继续佯装翅膀受伤，无法飞行，只用两条大长腿跑步。狐狸果真追了上来，鹤妈妈故意带着它左兜右转，拖延时间好让孩子逃跑。等它一走近，鹤妈妈忽然张开双翅，借助奔跑的力量，往天上飞去。

狐狸这才知道上当了！它回到鹤妈妈最初演戏的地方，四下里仔细搜寻，但是什么都没有找到。而机智的鹤妈妈已经飞回幼鹤身边，一家四口又一次团聚啦。

○ 亲鸟与雏鸟 - 西山物语　拍摄

○ 蓑羽鹤母子 - 西山物语　拍摄

## 狼毒花

"狼毒"一名，早在我国古代医书《神农本草经》中就有记载。历代古书记载狼毒的功效包括聪耳、杀虫、治疗皮癣等。不过，从古代医书对狼毒的记载来看，瑞香狼毒经常和月腺大戟（草间茹）、狼毒大戟、鸡肠狼毒和大狼毒等植物混淆。目前，国内将月腺大戟和狼毒大戟的根称为"白狼毒"，而把瑞香狼毒的根称为"红狼毒"。

瑞香狼毒，多见于我国的东北、西北和西南地区，以及俄罗斯的西伯利亚。瑞香科狼毒的花苞为红色，开的花却是雪白的，一个头状花序可开 10～20 朵小花，红白交映，可爱娇艳。其根、茎、叶均含大毒，可制成药剂外敷，能清热解毒。

瑞香狼毒成片生长，开花季节活泼烂漫。它的根系庞大，吸水能力极强，能适应干旱寒冷气候，周围的草本植物很难与之竟争。也就是说，一旦狼毒花开拓了一片疆域，其他的植物就很难在此扎根了，故此在一些地区，瑞香狼毒被视为草原荒漠化的灾难性指示灯，是一种生态趋于恶化的潜在指标。

○ 狼毒花

○ 赤狐

### 蓑羽鹤的天敌

我们在观察蓑羽鹤的时候发现一些天敌会偷吃蓑羽鹤卵，比如蛇类和渡鸦等。渡鸦经常利用人畜在附近活动的时机，进入没有亲鹤看守的鸟巢，借此偷吃鹤卵。雏鸟在学会飞行之前，天敌主要有狼、赤狐、渡鸦和一些猛禽等，大天鹅也有侵犯鹤巢的行为，但主要的威胁还是来自家畜的干扰和人类的活动。蓑羽鹤的家域行为比较强烈，每次遇到其他动物干扰时，双鹤都会鸣叫，或展开翅膀或飞起俯冲以警告来犯者，因此天敌不易接近。

另外，如果出壳太早，突发性的恶劣气候对雏鸟影响也很大。5月份的大雪，即便对成鹤来说也有可能造成致命的威胁，比如因失去觅食和过夜的场所而冻饿致死。鹤卵就更不用说了，可能因为天气过冷而无法孵化。

## 5

## 行走
## 的
## 食物

草原上还有丰富的食物。蓑羽鹤的食物很杂，除了植物之外，虫子、青蛙，甚至一些蛇，都是它们眼中的美味。

○ 油菜花海

　　7月中旬还没到，草原上的油菜花就已进入全盛期，明亮的金黄色一直铺到视野的尽头，只有隆起的土丘和几株树木可以当作坐标。风儿吹过，油菜花招手，馥郁的花香夹着泥土的味道扑面而来。

　　阴沉沉的天上，团团黑云越压越低，油菜花的明亮也笼罩了几分阴暗。夏季的第一场雨就要来临。几颗豆大的雨点拍打下来，紧接着就是倾盆大雨。青衣和鹤鹤躲在鹤妈妈的翅膀下避雨，鹤妈妈的蓑羽似乎是专为雨天而生的，就像一件宽大的蓑衣，翅膀下面又干燥又温暖。

雨停后的第二天，青衣发现草地上长出许多蘑菇，这是一道新的美味。长得像一把小白伞、中间有浅褐斑的是白花脸蘑菇，中间下凹的、边缘像不规则舞裙的紫色的是花脸香蘑（紫花脸蘑菇）。这两种蘑菇不但蛋白质含量高，还含有铁、钙、胡萝卜素、烟酸，以及铜、锌、氟、碘等微量元素，是绝佳的食物。马粪包长得像一个白色的小蒸包，味道有点辛辣。

青衣在草地上寻找蘑菇，偶尔还会发现珍贵的白蘑。白蘑是呼伦贝尔的特产，伞菌中的珍贵品种，其形如伞，洁如玉盘，嫩如鲜笋，只是可遇而不可求。

食物的种类多了起来。草地螟幼虫已经长成蛾子，两片三角形的翅膀就像折纸飞机的机身，遍布淡褐色的花纹。草地螟的第二代幼虫继续为害，啃食甜菜、大豆、马铃薯等作物，危害 200 余种植物。横纹菜蝽、大青叶蝉、警纹地老虎等农业害虫也四处活动，它们有的破坏植物组织，有的阻碍植物糖类的代谢作用，被害的植物萎蔫，甚至枯死，如果是花期受害则不能结荚或籽粒不饱满。

如此庞大数量的虫子加入取食植物的队伍，蓑羽鹤一家能吃的植物减少了。不过没关系，蓑羽鹤是杂食性动物，食物虽然以植物为主，但是动物也占 3% ~ 20%，主要是各种昆虫、青蛙和蛇类。动物的蛋白质含量比植物高，对长身体的小鹤有利。青衣现在可以又快又准地取食草地螟幼虫，偶尔也能抓到成虫，不过主要还是鹤妈喂给它吃的。鹤妈妈总是能一下子抓住空中飞过的虫子，青衣看得两眼发光。

天色渐晚，但是草原上却明亮起来。一片绚丽的火烧云出现在头顶，将天空染成艳黄、橙红、大红的火焰色，漫天如同熊熊燃烧的烈火，草原也被照得通红，每只动物都像是披上了闪亮的外衣。

火烧云退去之后，草原上的动物开始歌唱，唧唧、咕咕、呱呱，奏响一支草原的交响乐。叫得最欢的，是青蛙，它们急于要吸引伴侣，同时要宣示领地。青衣一家伴着虫声蛙鸣睡去。

次日，青衣发现一种新的虫子，它全身布满黑褐色的花纹，在草地上

○ 呼伦贝尔白蘑

○ 蓑羽鹤 - 赵序茅　拍摄

一蹦一蹦的。这是亚洲小车蝗,7月上旬开始长成成虫。青衣追了过去,可是刚一走近,这只虫子又一蹦一蹦地跳走了。出于好奇,青衣又跟了过去。它小心翼翼地靠近,不去惊扰猎物,准备突然进攻。

可是,它还没出手,小车蝗就没了,眼前只有一只鼓着两只大眼睛、背部是黑绿色斑点的动物。原来,一只青蛙先下手为强抓走了小车蝗。青蛙圆碌碌的大眼睛一眨一眨的,腮帮一鼓一鼓的,准备跳走。青衣表示抗议,大声叫唤起来,鹤妈妈赶过来了。

不好!青蛙见势,赶紧加快逃跑的脚步,可是才跳了两步,就被擒住了。鹤妈妈用长长的鸟喙紧紧夹住它的身体,这下危险了。鹤妈妈把青蛙喂到青衣口中,嘴的咬力瞬间小了很多。青蛙挣扎着,但也只是徒劳。

青衣第一次吃到青蛙,肉质十分鲜美。在一旁的鹤鹤也想分一杯羹,它朝着妈妈咕咕叫着。妈妈没有回应,它又对着爸爸咕咕叫起来。鹤爸爸在草地上搜寻,但是附近没有青蛙的影子。

后来,青衣一家走到一处小水塘,鹤爸爸发现了一只青蛙,准备捕捉,青衣和鹤鹤则在一旁观望。青蛙正全神贯注盯着眼前飞过的蚊子,一旦蚊子进入"射击"范围,青蛙就一跃而起,用舌头勾住蚊子。鹤爸爸走到一半,忽然停住脚步。

鹤鹤正在诧异爸爸的迟疑,忽然见到一条棕色斑点的水游蛇游过水塘。它悄悄上了岸,绕到青蛙背后,准备突然攻击。谁知,青蛙忽然察觉了动静,扑通一下就跳进了水里,很快游走了。等它游到了对岸,才转过身来,看见水游蛇在对岸吐着信子。突击不成,看来水游蛇只好继续吃鱼了。

但是,水游蛇不知道自己已经被盯上了。鹤爸爸张开翅膀低飞过去,收拢翅膀的同时用爪子对准蛇头,猛地一抓,用力一甩,水游蛇就开始在草地上打滚。鹤爸爸走了过去,用嘴去啄水游蛇。水游蛇看到来者不善,就想往一旁的草丛里钻。这时,鹤妈妈也飞到了水游蛇前面,对着蛇的脖子一阵猛啄。水游蛇挣扎着还要逃脱,鹤爸爸又上前啄了它一口。

棋斑水游蛇是无毒蛇,它现在腹背受敌,又没有致命武器,应该如何

○ 棋斑水游蛇

是好？装死只怕是不管用的，情急之下，它从泄殖腔释放出强烈的气味，企图吓跑敌人。但是，这对蓑羽鹤哪里管用？鹤爸爸一扇翅膀，就把臭气吹走了，然后继续去啄水游蛇。后来，青衣和鹤鹤也加入攻击的行列，一人一口，把水游蛇治得无力动弹。最后，一家子把水游蛇分成四节，各自享用起来。

大自然是个弱肉强食的地方，人们常常将食物链理解为蚱蜢、蚊子喂养了青蛙，青蛙又被吞进水游蛇的肚子，而水游蛇成为蓑羽鹤的美食。真实的情况其实更加复杂，蓑羽鹤的食谱就涵盖了蝗虫、青蛙、鱼类和水游蛇。水游蛇也能偷吃蓑羽鹤的卵，而蓑羽鹤长大之后可以猎杀水游蛇。

食物充足的生活状态甚是惬意。只是，蓑羽鹤有时也会成为猛禽和兽类的食物。遇到了天敌，每一分钟都是生死存亡之时，青衣和鹤鹤必须学会这一课。

蓑羽鹤的食物

　　蓑羽鹤的食物较杂，以啄食植物嫩芽、种子为主，也用嘴来搜索及挖掘植物的根茎、块根等，偶尔也吃水生植物的块茎、球根。动物性食物包括鱼、蛙、蜥蜴、软体动物和昆虫等。经过长期的演化，蓑羽鹤的消化系统和其食性相适应。首先，蓑羽鹤肌胃的肌肉壁和类角质膜比较发达，盲肠占肠道总长的 12.4%，这强化了蓑羽鹤对植物种子和植物纤维的消化能力。另外，其消化道各部均为弱酸性 (pH 值 5.5 ～ 6.5)，适合微生物在各部建立起正常菌群，这恰恰是杂食鸟类消化系统的特点，且和以植物的嫩芽、种子为主的食性相适应。

○ 蓑羽鹤觅食 - 赵序茅　拍摄

6

## 野狼
的
诡计

如果遇到了狼，那就十
分危险了。狼是狡猾而凶猛
的动物。蓑羽鹤只能依靠
自己的智慧来避免危险。

8月的一个清晨，呼伦贝尔草原起了大雾，整个草原仿佛还是睡眼惺忪。青衣一家早已出来觅食了，蓑羽鹤嗉囊不发达，没有储食功能，容易感到饥饿。

走着走着，青衣忽然在草丛中发现了一对青蛙，真幸运！它对准其中一只，正要啄下去，不料鹤鹤也把长长的嘴巴伸了过来。青衣不干了，明明是自己先看到的，鹤鹤凭啥来抢？青衣想把鹤鹤赶走，朝着它轻啄了一下。

这时，鹤鹤也不乐意了，自己也看到了，凭什么不给吃？也对着青衣啄了过去。青衣避开鹤鹤的鸟喙，然后再次发起攻击。鹤鹤往后退了一步，青衣追了过去，姐弟俩扭打在一起。

这时，鹤爸、鹤妈在一旁观战，并不阻止。蓑羽鹤有时也要展示凶猛的一面，这是占据领地、守护鸟巢、保护幼鹤的必备技能。早点让青衣和鹤鹤实践一下也好，但是只能是仪式化的进攻，就像擂台比武，点到即止。要是打得太严重了，鹤爸、鹤妈就会阻止。

追逐之中，青衣跑回青蛙所在的地方，惊讶地发现两只青蛙都跑了！原本可以一人一只，现在可好，谁也得不到好处。青衣和鹤鹤你看看我，我看看你，垂头丧气。鹤妈妈叫唤着，带着它们继续觅食。

太阳出来了，茂密的草丛有了光华。远处传来轰隆隆的声音，那是牧民在收割牧草。收割机开过的地方，地面扬起一阵尘土。接着，打捆机将牧草捆得严严实实，放在阳光下晾晒。割过的草地像被一把大梳子梳理过一般，留下一道道长长的纵纹。一捆捆草垛留在草原上，像是长发上的装饰，又像是埋伏的千军万马。

青衣一家避开牧民，走到一片沼泽地里。经过雨水的滋润，这里的草丛长得又高又密。褐红色的芦花招摇着，绒白色的荻花挥动着，鸢尾花开成一片紫色的海洋。

忽然，一阵异常纷扰的踢踏声打破了草原的宁静，鹤爸、鹤妈竖起脖子张望。远处，一群藏野驴疯狂地向前奔跑，似乎有什么事情发生了。鹤爸爸立刻飞到空中，开启空中侦查模式。

原来，一只饿狼冲入沼泽，紧追着前面的藏野驴群。藏野驴是狼的袭击目标之一，野狼经常群体合力来捕捉它们。通常，狼群分工合作，一批在前做好埋伏，一批在后负责追赶。前面的狼预先占据有利地形——例如山谷的喇叭口——并悄悄埋伏起来；后面的狼随即追击，直到把藏野驴赶进伏击圈。这时，众狼一齐发力，将猎物逮个措手不及！

可是，眼前并不具备出击的有利条件。首先，这里的地势比较平坦，狼群难以埋伏。而且，眼前只有一只狼，单凭它一己之力怎么可能抓住藏野驴呢？莫非，野狼另有打算？一个个疑问有待揭晓。

野狼追了 1 000 多米，抵达青衣附近时，突然改变方向，朝着蓑羽鹤雏鸟的方向全力冲过去。天呐，原来野狼的目标不是藏野驴，而是小鹤！之前追踪藏野驴，只是为了迷惑青衣一家。等它们放松警惕，野狼就以出其不意的方式实现自己的阴谋。

鹤爸爸发现危险后，立即回防，它一边低飞，一边发出鸣叫，呼唤鹤妈妈。正在觅食的鹤妈妈闻讯后立即飞回来。危急关头，青衣和鹤鹤一股脑儿扎进最近的草丛。逃命的关键，就是先避开野狼的直接视线，再从草丛中分开逃跑。在草丛茂密处，姐弟俩蹲着，保持沉默，身体丝毫不动。这时千万不能出声，因为一旦发出声音，野狼就会精准地判断出它们的位置，进而很快把它们抓走。要是沉默地躲起来，还有一线生机，因为在野狼搜寻草丛的时候，爸妈就会想办法救自己。

果不其然，野狼很快追赶过来，发现小鹤没了踪迹。它顺着小鹤最后消失的地方，依靠敏锐的嗅觉开始寻找。这时，鹤爸爸无法坐视不理了，它张开双翅，伴随着鸣叫声从空中扑下来，用鸟喙不断狠啄狼的头部。

面对鹤爸爸突如其来的攻势，狼迎面而上，张开血盆大口，准备扑向鹤爸爸。说时迟，那时快。鹤爸爸振翅跃起，避开了狼的攻击。鹤爸爸趁着狼扑空的机会，收翅落下，用自己的爪子对准野狼的头又抓又挠。

野狼看到鹤爸落在地上，并不占据优势了，就要开始回击。它正要对

蓑 羽 鹤 ｜ 飞越喜马拉雅 的 旅行家

0 | 5 | 2

着鹤爸的翅膀抓过去,忽然感到背后一阵疼痛。原来,鹤妈妈也赶来赴战了。两夫妇一人在前面迎敌,一人在背后攻击。狼一转身对付鹤妈妈,它的背又朝向鹤爸爸,再次遭受攻击。野狼纠缠许久,精力耗尽。它没有料到这对蓑羽鹤夫妇这么勇猛,觉得取胜无望,就只好掉头,灰头土脸地离开了。

蓑羽鹤夫妇发出胜利的鸣叫。这时,躲在一旁的小鹤出来了,姐弟俩就像小孩子过家家一样,学着父母大战野狼的样子,一会儿飞奔向前,拍打翅膀;一会儿单腿站立,踢腿抓挠。如果它们会说人话,肯定是一场精彩的对话:"青衣,吃我一爪子!""鹤鹤,看我的佛山无影脚!"

鹤爸、鹤妈也咕咕唱着,手舞足蹈。此刻全家都安然无恙,这就是值得庆祝的事情!不过,要是青衣和鹤鹤学会飞翔,那就不用担心地上的敌人啦!

○狼－沙陀　拍摄

7

## 结群
## 试飞

终于到 8 月下旬，不少鸟类
开始迁徙了。蓑羽鹤也要为长途迁
徙开始做准备。今年新出生的青
衣与鹤鹤缺乏迁徙经验，于是要
趁着机会磨练自己的飞行技能。

转眼到了 8 月下旬，草原上的绿色渐渐被黄色替换，青黄之中沉淀着些许褐色。成片的麦子熟了，风儿掀起一阵阵金色的麦浪。牧民忙着储存牛羊过冬的草料，农民忙着收获小麦和油菜籽。

部分鸟类开始迁徙了。许多小群的半蹼鹬往南飞去，迁往中国南方越冬。偶尔有珍稀禽类黑嘴鸥，往东南方向飞去，它们要去日本东南的海岛越冬。而黑浮鸥和白枕鹤早已无影无踪，它们 8 月中旬就已经南迁了。

青衣和鹤鹤也长大了。它们身上的毛发越发浓密，毛色也从草棕色变成棕灰色，只有脑袋依然是橙褐色的。再后来，它们的颈部逐渐变黑了，背上的蓑羽也逐渐长了出来。70 日龄后，它们的体长约 70 厘米，而成鹤是 76 ～ 92 厘米，它们的个头和父母相差无几了。80 日龄后，它们的翼长到约 40 厘米，而成鹤是 45 ～ 55 厘米。之后就像过了青春期（或是因为食物减少，或是飞翔消耗太多能量），它们长身体的速度放慢了。

一天清晨，青衣跟随着家人在水塘边喝水，在清澈的水面上，它的倒影显得愈发好看。它头顶的羽毛已经变成灰色，浓密而柔软；颈部的黑色羽毛有一寸来长；但是耳后的白色簇羽还没有长出来。此外，它翅膀上还长了灰色的初级飞羽和次级飞羽，背部羽毛是明亮的灰白色。青衣忍不住把自己的倒影多看了几眼。

忽然，水底映出另一只蓑羽鹤的倒影。只见那只鹤低飞而过，和自己的倒影越来越近，直到它一边用双翅击打着水面，随后落入水中激荡起一圈圈涟漪，所有的倒影都消失了。原来，鹤鹤想在浅水中找鱼吃，但是短距离飞翔时没有控制好翅膀，一下子飞出很长一段距离，这才有了前面的闹剧。鹤鹤缓缓地从水中走回岸边，池底的泥土晕开，变成一片浑浊。

鹤鹤虽然落入水中，却没有变成"落汤鸡"，因为它已经长大了，翅膀有了一层油脂保护。它的个头也长得比青衣还要高，不过飞行技巧还不如青衣。

最初练习飞翔的时候，小鹤学着父母的样子，在地面上起跑，然后扇动翅膀起飞。刚开始，因为翅膀的力量不够，它们只能低飞着跳过水沟，后来才慢慢地越飞越高，越飞越久。

　　蓑羽鹤马上就要开始大集群了，这是南迁之前最后的训练。小鹤必须抓紧时间练习飞翔，不然就无法和鹤群一起进行长途迁徙。青衣和鹤鹤就像在比赛，无论取食还是飞翔，都争先恐后。

　　这天上午进食后，姐弟俩在父母的指导下开始练习飞翔。空中的视野开阔，飞得越高，看得越远。青衣飞到天上，就可以看清低矮山丘后面的土地，寻找食物更加迅速。而且，遇到危险时可以利用短距离飞行来和天敌拉开距离。只是，现在它还不知道，躲开了地面上的天敌，空中也有捕猎者。

　　一次练习时，鹤鹤先起飞，青衣在后面追赶。眼看就要追上了，鹤鹤忽然莫名其妙地悬停了一会儿，青衣赶紧调整飞行路线，避免发生空中撞击事故。它侧身飞翔，和鹤鹤擦身而过，好险！青衣正得意，谁知一下子就撞了对面飞来的一只蓑羽鹤。

　　相撞之前，它俩都看到了鹤鹤，也都想要绕开，但却看不到被鹤鹤挡住视线的地方。双方都想不到鹤鹤身后还有一只鹤，而且调整路线后，双方竟然恰好在同一时间经过同一个点。总之，双方都摔到地面了！青衣站稳之后，才看清对方：一只今年出生的小鹤，长得比鹤鹤还要略高。这就是它们的邻居，小马哥。

　　双方父母远远看见了空中的混乱，赶紧过来查看情况。幸好双方的飞行速度都不快，而且摔下来的地方也不高。另外，青衣看到小马哥落地之前，还张开翅膀缓冲，就像开启降落伞一样，于是也跟着学习，减轻了自己摔到地面的冲击力。没有皮肉伤，青衣和小马哥也没有因此发生冲突，只是稍微调整一下，就各自回到父母身旁。

　　今天的一撞给这些年轻小伙子、小姑娘一个教训：在空中不遵守交通规则是很危险的。庆幸的是，它们很早就学会了这点。

　　午后，青衣一家飞到一片麦田里觅食。麦粒比牧草含有更丰富的淀粉和蛋白质，还含有多种矿物质和维生素B，大受鸟儿的喜爱。平日里，蓑羽鹤要划分领地觅食，不许其他鸟类抢占自己的食物资源。而现在，各种鸟儿从

○ 蓑羽鹤结群

○ 水中觅食

○ 幼鸟觅食

四面八方而来，共享这秋收的盛宴。所有迁徙的鸟类都要抓紧补充能量，增加体重，才能应对长途飞行的艰苦。

领地意识开始模糊，疆界就此打破。青衣和鹤鹤开始结识一些小伙伴，它们的父母也默认孩子们建立关系，因为它们日后将会成为迁徙路上的"驴友"，甚至是出生入死的兄弟姐妹。不过，这时候它们还没建立稳定的群落，只是偶尔在麦地里觅食的时候才待在一起。

白天，它们在麦地里觅食，晚上则回到水塘边过夜。喝完水之后，青衣在浅水中捕捉小鱼。刚啄到一条小鱼，就发现有人在跟它抢，一人咬住鱼头，一人咬住鱼尾，僵持不下。青衣猛地一扭头，把小鱼拉出水面，再把头稍微上扬，小鱼就被吞进肚子里。这时一看，才知道抢鱼吃的是小马哥。按说小马哥长得"人高马大"，怎么还抢不过青衣呢？可能作为独生子女，没有抢食的经验吧。也有可能是小马哥已经吃够了，故意让着它的。

小马哥一家和青衣一家经常一起活动，仿佛成了一家人。三只小鹤一起觅食和练飞，彼此相互学习。不久，一些形单影只的孤鹤和一年半龄的小鹤也开始加入队伍。这就意味着南迁的日子临近了。

○ 飞行中的蓑羽鹤 - 西山物语　拍摄

迁徙前集群

　　呼伦贝尔草原的蓑羽鹤在每年的秋季迁徙中都要经历两次集群，第一次是草原蓑羽鹤的集群，第二次是和达里诺尔湖的蓑羽鹤汇合，进行更大规模的集群。雏鸟在迁离呼伦贝尔草原时，大约为90日龄，而长途迁徙需要羽翼丰满，大概要到150日龄。一般来说，成鹤带着雏鸟短距离南迁，到内蒙古赤峰市克什克腾旗的达里诺尔湖作中途停歇。达里诺尔湖是内蒙古第二大湖，每年秋季都吸引蓑羽鹤到此进行大规模集群，有时甚至超过15 000只。在这里，蓑羽鹤不但能够补充能量和水分，而且还能进行飞行训练。鹤群带着当年出生的小鹤在多风的山头练习飞行，然后在11月中下旬开始长途跋涉，飞往印度西部的越冬地。

○ 结群

II

# 跨国
# 的
# 越冬地

随着秋冬季节的来临，蓑羽鹤必须翻过层层群山，去寻找温暖、食物丰富的过冬地。这一路上，它们将经历许许多多不同的地域。

# 1

## 第一次
## 出国

鹤群终于开始了迁徙。小
蓑羽鹤们也要开始面对旅程途
中的艰险。当然,它们也会看
到与出生地完全不同的风光。

9月初，秋风送爽，草原上的草色变成一片枯黄，野花也纷纷凋零了。今年出生的小鹤接近90日龄，它们进行一段时间的练飞，已经可以进行短距离飞翔。这天，就像已经商量好的一样，青衣一家和十来只蓑羽鹤集合到一起，由小马哥的爸爸和一只孤鹤轮流领队，一起展翅向南飞去。

它们沿着乌尔逊河逆流而上，往贝尔湖的方向飞去。一路上，高大的白桦树和低矮的灌木丛都已变成一片金黄，阳光下清澈的河水和褐色的山丘映入眼帘。青衣第一次看到如此美景。

说起迁徙，人们想到的是风餐露宿、舟车劳顿，但是蓑羽鹤最初的迁徙更像是老少咸宜的短途旅行。因为当年出生的小鹤还要再过两个月（也即150日龄的时候）才羽翼丰满，到那时才能完成最艰难的飞行任务。而现在，为了照顾它们，最初十几天的飞行是半飞、半歇，有很多时间可以在草地、麦田中休息、觅食。

鹤群并不孤独，草原上的角鸊鷉也是这个时候迁徙的，两个往日的朋友有时在水域中擦肩而过，各自取食小鱼小虾，像在设宴相互送别。蓑羽鹤是涉禽，嘴巴长、脖子长、脚长，喜欢在浅水中活动。虽然是全球15种鹤中体型最小的，但蓑羽鹤还是比角鸊鷉大得多。角鸊鷉是游禽，长得像黑褐色的小鸭子，喜欢在湖面上觅食，还能在水下游动。

蓑羽鹤一般从结实的地面起飞和降落，飞得高而快。而角鸊鷉可以从水面起飞和降落，尾巴划出一道长长的白色水花。

不久后，鹤群抵达贝尔湖畔。从空中望下去，茫茫大地尽是一片枯黄，而贝尔湖清澈得就像一面镜子，湖畔东北角有一片湿地，就像是沙漠中的一片绿洲。鹤群就在绿洲上降落，然后分开取食草籽，或者踱步到浅水中捕鱼。角鸊鷉则落在湖心，一边游荡，一边捕鱼。

太阳逐渐升高，阳光送来温暖。贝尔湖边的玛瑙滩闪烁着橙黄色和火红色的光芒。一只角鸊鷉正在湖中洗澡。它把头扎进水里，然后摇头甩干，小水珠四散开来，又悄无声息地滴入湖面。接着，它翅膀微张，用鸟喙去梳理毛发。

○ 角䴙䴘

○ 理羽

青衣在湖边喝完水，它也要梳理羽毛了。在父母的教导下，青衣已经养成了理羽和涂脂的好习惯。很多鸟类和兽类都会梳理羽毛，不但是为了形象，还可以除掉细小的寄生虫，就像人类定期清洗和晾晒衣物，会更加舒服。午后，青衣面朝风向梳理起来，让身上的寄生虫被风带走。它用长嘴夹着羽毛自里向外加以梳理，像是人类用手在挠痒，又像在用梳子梳头。先是翅膀外侧，然后是内侧，接着是翅膀后侧的黑色羽毛，还有胸部的毛发。

理羽的过程伴随着涂脂。涂脂就好比人类洗发之后使用护发素，或者洗脸之后涂护肤霜，能让蓑羽鹤的羽毛保持鲜艳的光泽，而且还能防水，这就是鹤妈妈的翅膀下面能避雨的诀窍，也是鹤鹤落入湖中也能淡定地走回来的原因。

青衣先用脖子和头部去摩擦尾脂腺，然后用喙在尾脂腺上取出油脂，通过理羽的方式使羽部获得油脂。

理羽之后，就该进食了。青衣一家低飞过湿地，在一片草地上觅食。当时正是晌午，太阳挂在头顶。忽然，地面掠过一个黑影，鹤群齐刷刷地向天上望去，而有经验的老鹤已经开始发出警报。要有危险了！一只草原雕张开巨大的翅膀在空中盘旋，它的目光停留在这边，似乎发现了什么。鹤群中"人人自危"，各自盘算一会儿该怎么逃跑。

果然，草原雕向下俯冲，径直地往草地飞来。鹤群方阵大乱，往四面八方逃窜。只见草原雕收拢翅膀，快到地面时用有力的大爪去钩一只野兔。兔子没命地奔跑，大雕低飞过去，一下子就擒住那只野兔，然后就拎着战利品往天上飞去。

青衣看得出了神。草原雕是大型猛禽，长着锋利的鹰钩嘴，巨大的翅膀披着棕黑色的飞羽，粗壮的爪子足足有人类婴孩的手臂粗细。蓑羽鹤和草原雕，虽然体长相当，但是一个好比柔弱的瘦女子，一个好比结实的彪形大汉。草原雕的外表已然让人惊叹，飞行技巧更让青衣望尘莫及。

蓑羽鹤遇到草原雕，一旦起了冲突，就好比赤手空拳的遇到舞刀弄棍的，凶多吉少。看来此地不宜久留，鹤群吃饱喝足后继续上路。角鹛鹩目送着鹤群远去，这两个邻居只有来年春天才能在呼伦贝尔草原重逢了。角鹱鹱将要到中国的江南地区越冬，而蓑羽鹤的迁徙之路才迈出万里长征的第一步。

这是鹤群秋季迁徙途中的第一次出国。贝尔湖下接乌尔逊河，上承哈拉哈河，"哈拉哈"是蒙古语"屏障"的意思，因为哈拉哈河的西岸比东岸高，望过去就像一道长长的壁障。

鹤群沿着哈拉哈河逆流而上，看到风化和侵蚀形成的砂岩、砾岩景观，奇峰异石，巧夺天工，就像桂林的山水，难怪这里被誉为"北方桂林"。鹤群由有经验的成鹤领头，队伍由 15 只以上的蓑羽鹤组成，飞翔时呈"一""八""√"形的队形，也有部分松散群。强壮的成鹤飞在队伍的前面，青衣和其他青年鹤，还有年老的鹤排在后面。

鹤群很快就进入中国内蒙古，在西拉木伦河畔休整之后，马上又抵达克什克腾旗。这里是蓑羽鹤迁徙途中很重要的一个驿站，鹤群将在这里补充能量。对今年刚出生的小鹤来说，这也是一个严格的训练营，它们将在这里接受严格的考核。

## 角䴙䴘

角䴙䴘为䴙䴘目䴙䴘科下的中型游禽，体长31～39厘米，体重约为 0.5 千克。它长着又直又尖的黑色（尖端一点为黄白色）短嘴，像一把尖锐的凿子，非常适合啄捕鱼虾。下嘴的基部到眼睛有一条淡色的纹，眼睛里的虹膜为妖媚的红色。角䴙䴘最突出的特征，是头部两侧从眼前，到头后部有一簇金栗色的饰羽，看起来就像长了两只角，故名"角䴙䴘"。

夏天是角䴙䴘的繁殖期，这时它上体多黑色，前颈、颈侧、胸部和体侧是栗红色；到了冬天，则上体为黑褐色，颏、喉、前颈、下体和体侧为白色。角䴙䴘翅上具有明显的白色块斑（翼镜），飞翔时尤其明显。

角䴙䴘擅长游泳和潜水，时常一头扎入水中，完成一个漂亮的前滚翻，然后在水下做一段高速度的潜泳。有时看见一只角䴙䴘在水面消失，过了很久又在很远的地方露出水面，这是因为它每次潜水时间多为 20～30 秒，最长可达 50 秒。

角䴙䴘常单独或成对活动，迁徙季节可见 4～12 只的小群一起活动。在水上起飞时，角䴙䴘先在水面奔驰，双脚在水面上踩出一串串浪花，然后随着拍打浪花的声音，它逐渐离开水面，飞向天空。

## 草原雕

　　草原雕为鹰科雕属的鸟类，属于大型猛禽，国家二级保护动物。繁殖鸟或夏候鸟见于北方的干旱地带，比如新疆西部的喀什及天山地区、青海、内蒙古及河北。迁徙时见于中国的多数地区；越冬于贵州、广东及海南岛。

　　草原雕的中文俗名有草原鹰、大花雕、角鹰等。体色从淡灰褐色、褐色、棕褐色、土褐色到暗褐色都有。因为和非洲草原雕（茶色雕）相区别，又叫亚洲草原雕。以黄鼠、跳鼠、沙土鼠、野兔、旱獭、沙蜥、草蜥、蛇和鸟类等小型脊椎动物为食，有时也吃动物尸体和腐肉。

○ 草原雕

# 飞翔
# 训练营

鹤群经过了达里诺尔湖。这里的风量比呼伦贝尔草原要多，风力更强，不但适合风力发电，也适合蓑羽鹤集体练飞。小蓑羽鹤在这里更加有效地练习飞翔技能，从而为长途旅行做好准备。

克什克腾旗位于内蒙古东部，有"草原明珠"之誉，西部为草原，南部为熔岩台地，北部为丘陵山区，三种地貌分别占8.7%、38.8%和52.2%。9月下旬，青衣自呼伦贝尔草原飞入克什克腾旗，在空中鸟瞰黑褐色的丘陵，赤裸的土地灰头土脸的，高大的白桦林缩成方寸大小，就像袖珍的玩物。

鹤群飞向西南的一个湖泊——达里诺尔湖，蒙古语意为像海一样的湖泊。它们飞行的路线和贡格尔河的流向基本一致，虽然鹤群直飞，而河流弯弯曲曲流过贡格尔草原，但是最后殊途同归，都要抵达达里诺尔湖。

贡格尔草原上有好几座风力发电厂，每座电厂都有上百台大型风力发电机，像上百个安插在草地上的大风车，一起迎风转动着大风轮。直到达里诺尔湖畔，还有一排大型风力发电机，几十台机器一起转动着巨大的风轮，发出隆隆的声音。

鹤群飞过一座山头，忽然天气骤变，风起云涌。隐约之中，地面飞起一只庞然大物。原来，一只金雕猎杀野兔失败，正要寻找第二个目标，这时刚好天上飞过一小群蓑羽鹤，正是踏破铁鞋无觅处，得来全不费工夫。金雕准备尾随着鹤群，择机猎杀飞在最后的蓑羽鹤。它向上起飞，很快升到鹤群的上空。

趁着鹤群拐弯的时候，金雕孤立了飞在最后的一只老鹤。老鹤知道这下凶多吉少，必须快速躲过金雕的爪牙。金雕两次出击，老鹤都闪开了，但是周旋下去太耗体力，它只好朝着一个陌生的方向飞去。奇怪的是，金雕好像犹豫了，竟然没有穷追不舍。

其实阴暗的天气蒙蔽了老鹤的双眼，它不知自己的逃跑之路竟是黄泉路！说时迟那时快，老鹤正在观望敌人，还没意识到自己进入了风力发电机组的范围。其中最近的一台发电机高速转动的叶片产生强烈的风振。老鹤感到风轮中心有一股力量在拖曳着它，它赶紧掉头并加快扇翅，但是还是太迟了，它被拖向风力发电机的中心，撞上了风机叶片，再也不能动弹了。金雕在一旁看着，若有所思。它是见识过这些大风车的威力的，因此见到

○ 白枕鹤

了都是远远躲开。可惜迁徙的鸟类还不知道它的厉害。

风力发电机被称为草原上的绿色能源，但是对鸟类来说，这是生命的红色警示灯。鸟类在栖息和觅食时，飞行高度一般小于100米，而风机叶片的旋转高度在37～100米。在美国，单是加利福尼亚州的阿尔塔蒙特山口风力发电厂，一年致死的鹰隼类猛禽就超过1000只。但是相比之下，在全北美地区因风力发电机致死的鸟类中，鹰隼类的猛禽所占的比例已经算低了，只有2.7%，而雀形目鸟类所占比率高达80%。

鹤群在一阵大风车的隆隆声中抵达达里诺尔湖畔。青衣在达里诺尔湖畔寻找降落点，惊讶地发现岸边有大片白色的东西，看起来像是积雪。记得在呼伦贝尔草原上，青衣惊讶于在7月份还能见到未融的余雪，难道这里也是这样吗？

带着重重疑问，青衣去寻找答案。真神奇，地上像是铺满了白色的细沙，有的细沙里还长着褐色植被。青衣去啄食这些植物，居然有淡淡的咸味。原来，达里诺尔湖是一个火山喷发形成的古老湖泊，虽然有4条河流注入，但是属于半咸水湖。岸边的白色地带就是盐碱滩。

鹤群前往湖边喝水，青衣也跟了过去。在湖边，青衣见到了一个熟悉的身影。它长长的脖子前灰后白，身体苍灰，脸颊红艳。这就是白枕鹤，也叫红面鹤。白枕鹤早在8月中旬就离开了呼伦贝尔草原，没想到在这里又遇到了。不过，两种鹤也只是短暂相遇，因为白枕鹤的越冬地是中国的江南地区或日本南部，而蓑羽鹤要往西南方向迁徙。

在迁徙之前，青衣还要接受严格的训练。达里诺尔湖位于赤峰风道上，当地的俗话说"这里每年刮两次风，一次刮半年"，每年5级以上的强风多达870次。这里的风量比呼伦贝尔草原要多，风力更强，不但适合风力发电，也适合蓑羽鹤集体练飞。

清晨，麦田里已经集合了上万只蓑羽鹤。到了上午9点，达里诺尔刮起了大风，风力很快达到5级。在麦田里觅食的蓑羽鹤纷纷停止进食，抬头观望。鹤鹤随风梳理羽毛，青衣发现散开的鹤群开始向大群中间靠拢。

远处的小家庭也往这个方向飞来：雌鹤在前面带路，幼鹤在中间跟上，雄鹤在后面保证幼鹤不掉队。不管是大的小的，也不管是达里诺尔的原著民还是从北方迁徙而来的旅客，通通加入了这个训练营。

集结完毕，所有蓑羽鹤都伸着长长的脖子观望，像在等待一声号令。忽然，几只强壮的雄鹤带头领飞，所有的蓑羽鹤一齐展翅飞翔，天空乌泱乌泱一片，真可谓"落时不见湖边草，飞时不见云和日"。上升到一定高度之后，密集的鹤群开始向外扩散，排列成"八"字形。长期飞行的经验让它们变成了空气动力学专家，学会了利用一切可能的机会提高飞行的效率，减少能量的消耗，比如，利用队友扇翅的风力作为自己飞行的助升力。

到了山口，就是风力最大的地方，鹤群突然改变队形，借助风力在空中滑翔，即悬停在空中而不用扇动翅膀。没经验的新手通常会害怕掉下来，就像我们害怕不抓把手骑自行车一样。青衣看着周围的成鹤纷纷这么做，自己也跃跃欲试。它大胆张开双臂，任凭风力带着自己飞行。但是，身体一侧略微倾斜，翅膀兜不住风，身体就要往下掉落。青衣赶紧扇翅，飞升到鹤群所在的高度，然后再次尝试滑翔。

忽然，领头的雄鹤开始利用上升的暖气流，直往天上冲去。后边的鹤群追逐头鹤，也跟着拔高高度，成百上千只蓑羽鹤像一阵突来的旋风，在空中螺旋上升。如果乘着暖气流，它们可以将速度提高70%。鹤群中有30%是今年刚出生的小鹤，它们必须学会如何驾驭风力，利用暖气流升到几千米的高空。

练习完毕，青衣继续补充能量。远处牧民的拖拉机把收割的牧草拖走，草地撒满了草籽，但是青衣并不理会，因为麦子不但更加可口，而且更有营养。此时小鹤约110日龄，体长已经和成鹤相当，但是小鹤的耳后才刚刚长出一小撮白色的耳羽，这是区分小鹤和成鹤最好认的特征。

黄昏将近，太阳渐渐下沉，低处麦地的光线被山影遮挡。光线太暗了，青衣找不到细小的麦粒了。鹤群一致往更高的麦地飞去，继续啄食麦粒，直到这里也没有阳光，又往更高处飞去。直到太阳下山，鹤群才朝着达里诺尔湖的方向飞去。顷刻间，黑灰色的飞鸟布满橙红色的天空，咕咕鸣叫的声音就像市场喧嚣的吆喝声。

鹤群落在达里诺尔湖畔和贡格尔河边，纷纷喝起水来。夜晚鹤群挤在一起过夜。第二日天未亮就飞往麦田里等待第一道曙光，它们要争分夺秒地进食，把因练习飞翔而缩短的进食时间补回来。而当风力足够时，它们又要进行飞行训练了。

当太阳的第一道光芒照射到贡格尔河面时，滩涂上就只有许多灰色的羽毛和三趾的脚印了。

迁徙的姿势
————————

　　据中科院动物研究所的叶晓堤和西北高原生物
研究所的李德浩观察：蓑羽鹤的迁飞时间主要集中
在 6:00 ~ 10:40，以及 16:00 ~ 23:00，其中傍晚时
分的迁飞最多，占迁飞总数的57.13%。结群数在
17 ~ 334 只，以 50 ~ 230 只居多。迁飞方向为北东、
北北东向西南、西南南和正南。鹤群排列成"一""八"
字形和"√"形，队形相对稳定并发出鸣叫以保持一
定的间距。

　　迁徙时，通常由 1 ~ 4 只鹤在鹤群前面领队。飞
行中的每只鹤位置相对固定，"领头鹤"也不改变位
置。有时受到天气（大风、雪、雹、雾等）的影响，
飞行的队伍变得混乱，但是飞行几圈后队形又趋于相
对稳定。有时有些个体偏离了队形，或者串、插入队
形，鹤群在调整间距后又保持相对"稳定"。

　　如果天气过于恶劣，鹤群会停息在草原、耕地、
沼泽草甸上，时间一般为 1 ~ 8 小时，大都在次
日清晨飞离。迁飞高度一般约300米，每小时飞行
20 ~ 83 千米，平均迁飞速度为30千米 / 小时左右。

○ 一只飞行中的蓑羽鹤 - 西山物语　拍摄

# 3

## 玉带
## 海雕
## 来袭

在空中也有危险的敌人。
蓑羽鹤虽然无法靠个体的力量对
抗玉带海雕，可是它们有一个
"法宝"，那就是集体的力量。

不知不觉就到了10月下旬，青衣一家已经在达里诺尔湖待了一个月了。

这天，鹤群在麦地里取食，忽然空中传来一阵响彻云霄的叫声。麦地里的鹤群齐刷刷地往天上望去，是一只大雕。它的头部和颈部为沙皮黄色，下体为棕褐色，背部为暗褐色，初级飞羽为黑色。青衣望见这只大雕暗黑色的尾羽中间有一个宽阔的白色横带，它也因此而得名玉带海雕。

玉带海雕声音响亮，翱翔云霄时几千米外都能听到它的叫声。它比草原雕略大，一般以旱獭、鼠兔、鱼类和水禽为食，偶尔也吃腐肉。此刻它在空中盘旋，一定有所企图：寻找老弱病残的蓑羽鹤，捕捉回去当食物。

鹤群不等玉带海雕出击，就主动飞上天去周旋。小马哥的爸爸和另外几只头鹤带领它们起飞，强壮的在前面，幼鹤、老鹤在后面，黑压压布满了天空。几百只蓑羽鹤就像海底的鱼群，迅速地转换队形，避免遭受玉带海雕的攻击。平时的训练就像是玩弹球游戏，而此刻打的都是真枪实弹，一不小心就小命不保。

玉带海雕混入鹤群之中，而蓑羽鹤利用数量作为障眼法，让玉带海雕无法单独挑出一只来。鹤群不断地改变队形，有经验的大鹤带着小鹤避开海雕。忽然，一只雌鹤掉队了。不久前，它为了保护孩子而和狐狸打斗，现在伤口还未完全愈合。玉带海雕利用这个机会，将它挡在外面，不让它回归鹤群。雌鹤只好转身逃跑，和鹤群离得更远了。并且，由于它慌忙地加急扇翅，伤口再次裂开了，疼得它开始缓缓往下掉。这时玉带海雕俯冲下去，用爪子勾住雌鹤，然后再次飞上天空，往巢穴的方向飞去。

玉带海雕走后，鹤群又开始回到麦地觅食，失散的亲人相互寻找。青衣看到一只小鹤无心觅食，一直往玉带海雕消失的方向张望。它现在变成了没有妈妈的孩子了。对了，妈妈呢？青衣一看，发现周围密密麻麻都是鹤，而自己的家人都不见了。"咕咕，咕咕"，青衣赶紧叫唤。

不一会儿，就听到鹤妈妈的回应，它们在乱鸣声中辨认亲人，在热闹的麦地里找到对方。可是，爸爸和弟弟却不知道到哪儿去了。鹤妈妈带着青衣在麦地上空盘旋，一边飞翔，一边叫唤。巡了一圈，也没有回应，它

们只好回到麦地里觅食。

在晴朗少风的时候，蓑羽鹤保养（休息和理羽）的时间约占白天活动时间的一半。而这天恰好是阴天，多风，气温比较低，青衣只好减少理羽和休息的时间，而更多地进行游走和取食。

记得在蒙古国的哈拉哈河边，有一次青衣和小马哥追逐打闹，和鹤群走失了。当时它们正在草地上觅食，忽然山丘后面跑出一群骏马，飞奔的马蹄扬起一阵尘土。青衣、小马哥和鹤群分别在马群的两端，就像被一条飞奔的河流隔开。等到骏马过去，青衣和小马哥一看，对面的鹤群消失了！它们走过去查看，可是一只鹤也没有。难道鹤群已经飞走了吗？当时它们两个都不知如何是好，只是咕咕叫着。

此时，马蹄声渐远，青衣听到天上传来一阵叫唤。鹤群的声音可以在空中传播两三千米，用鸣叫和同伴交流。在迁徙时，如果有鹤掉队，鹤群会在空中盘旋，等待掉队的同伴。万一遇到不幸，有鹤生病飞不动了，或者吃了毒饵被捕，鹤群就会在上空鸣叫十几分钟，而后才无奈离去。

幸好那时的鹤群不大，寻找家人还是很容易的。但是现在，上千只蓑羽鹤集群活动，到处都是乌泱乌泱的鹤头，耳边充斥着咕咕声响，想要定位失散的家人哪有那么简单。青衣每次抬头仰望，都会特别留意两只一起飞翔的鹤，也许那是爸爸和弟弟。

临近傍晚，青衣似乎听到一个熟悉的声音。抬头一看，妈妈正屏气凝神地倾听，并且定位到了声音的位置。是鹤爸爸，可是它见没有回应，准备转身飞走。鹤妈妈起飞，追了过去，青衣紧追其后。它们一起发出声音，鹤爸爸听到了，又掉头回来，三只鹤会合了。

可是鹤鹤去哪了呢？这时天色渐暗，牧民白色的蒙古包在这个季节特别显眼，蒙古包里升起了一缕炊烟。微风把炊烟送远，直到淡入这个傍晚。

次日，天色未亮，鹤群再次飞回麦地。这时的麦粒已经少了很多，有些蓑羽鹤也开始在草地啄食收割机打下的草籽。觅食的范围更广，就意味着搜索范围加大了。可惜天公不作美，气温更低了，上午还下起雨夹雪。

这是这个月来的第四场雨夹雪了，而且是近五天来的第二场。越来越频繁的降雪预示着南迁的日子将近了，看来，要赶快找到鹤鹤才行。

纷纷雨雪模糊了整个世界。它飘在空中，眼前不见了山丘；它落在地里，地里找不着麦粒。遇到这种天气，为了果腹，鹤群游走和取食的行为更多了，青衣和爸妈在空中巡了一圈，却没见到鹤鹤的踪影。雨雪持续了两日，风力越来越大，根本无法按计划行事。

到了第三天，一个高气压在上空悄悄形成，达里诺尔湖恰好处于高压中心的东部。天气晴好，北风持续地吹着，这是鹤群集体南迁的有利时机。眼下已经顾不上找鹤鹤的事情了，青衣一家三口只好随着鹤群集体南迁，后面再慢慢寻找。这时，当年出生的小鹤基本羽翼丰满，可以像成鹤一样快速飞行了，若是顺风出发，最大飞行速度可达 121.4 千米 / 小时，两三日内即可抵达河套平原。

玉带海雕

　　玉带海雕，又称黑鹰、腰玉，体型大，全身呈棕色，是海雕属成员。它们分布在里海到黄海之间，从哈萨克斯坦到蒙古国、从喜马拉雅山脉到印度北部等亚洲的中部地区，都是它们的繁殖地。在中国，玉带海雕分布于新疆、青海、内蒙古、黑龙江、西藏、四川、河北、山西、江苏等地，多见于沼泽、草原以及沙漠或高原。其食物主要是鱼类和水禽，常在浅水处捕鱼，或者在水面捕捉大雁、天鹅幼雏和其他鸟类，偶尔也吃死鱼和其他动物的尸体。

○ 玉带海雕

# 4

## 遭遇
## 偷猎

鹤群找到了一个人迹罕至的
世外桃源，这里遍布着芦苇。不过
此时的芦苇已经残败，鹤群或啃食
芦根，或啄食小鱼，其乐融融。

鹤群在乌兰察布市的黄旗海休整之后，飞过呼和浩特上空，进入河套平原，从此和黄河结下不解之缘。河套平原是黄河沿岸的冲击平原，位于黄河"几"字形转弯的西北部。自古黄河因为水患频发而以"害河"著称，然而"黄河百害，唯富一套"，这条母亲河却对河套平原钟爱有加，这里水势缓慢，沙洲、岔流、旋流满布，耕地、草原、荒滩相间，农耕文明和游牧文明在此交汇。这里水草肥美、沃野千里，素有"塞外江南""塞上粮仓"的美称。

鹤群抵达土默特平原，因为前几日的雨夹雪，村庄里的树叶簌簌凋零了。鹤群在一片开阔的农田降落，在小河里喝了水，就准备大餐一顿啦。

青衣走进一片麦田，发现这里有不少玉米粒，看起来如同美食的天堂。此时的麦田已经有一些候鸟，鸟儿的密度已经超过承载。青衣走近，谁知一只陌生的鹤一边发出警告的鸣叫，一边准备驱赶青衣。在陌生鹤的身后，几只成鹤和青年鹤正在大口进食。看来，它们不乐意和别人分享这片"最好"的田地。

青衣呼唤父母，它们得知情况后，觉得不可思议。麦田是公有的，每只鸟儿都有权利在此觅食。看来，今天是要和陌生的鹤理论一番了。鹤爸爸和其他几只成鹤也走向前来，准备要硬闯。谁知，陌生鹤群中也有几只成鹤"摩拳擦掌"，准备大干一场。

一场冲突一触即发。就在双方即将"开火"之时，陌生鹤群中突然爆发了慌乱。有几只青年鹤忽然一边乱跑乱撞，一边痛苦地嚎叫。所有蓑羽鹤都吓了一跳，立即停止进食。食物有毒！可怜的蓑羽鹤不懂得像人一样推理：这明明是麦田，怎么会有玉米粒呢？显然是有人故意撒落的。

这时，不远处一只猎狗一边吠着，一边奔跑过来。青衣想跟鹤群一样起跑飞走，可是爪子被一张破渔网缠住了，它一时无法挣脱。眼看着猎狗越追越近，难道要死于猎狗的爪牙之下？

就在万分危急之时，只见小马哥一个低飞，向猎狗冲了过去。猎狗急了，直接后脚站立，前脚扑向小马哥。因为没有战斗经验，小马哥被抓飞了几

○ 河套平原

根羽毛。猎狗另一只爪子过来，坏了，小马哥的翅膀受伤了！

小马哥的父母发现情况，愤怒地扑向猎狗，一起发力击退猎狗。小马哥的翅膀被划出几道抓痕，它的母亲看到了，真是打在儿身，痛在娘心。这时，青衣也挣脱了破渔网，立即随鹤群飞上天空。整理好队伍后向下望去，青衣看到麦田里来了几个人，他们把毒发的蓑羽鹤装进袋子里，放在两辆摩托车上，然后轰隆隆开走了。

鹤群飞了几千米，停在黄河对岸。幸好它们所吃的毒玉米不多，没有发生悲剧。鹤群在河边喝水，忽然看到一只惊慌的鸟儿从对岸飞了过来。听它的声音，天哪，不正是青衣和爸妈一直在找的鹤鹤吗？青衣和爸妈一齐呼唤，鹤鹤听到了声音，径直飞了过来。原来以为离开了达里诺尔湖就很难再相见了，万万没想到还能在此团聚。

可是，鹤鹤为什么会四下逃窜呢？看它惊慌的样子，是出什么事了吗？原来，刚刚那帮偷猎的人不但放了毒饵，还带着猎枪。当迁徙的鸟儿在河边喝水的时候，偷猎者神不知鬼不觉地从临时搭建的帐篷里出来，他们放出猎狗去追赶鸟儿，故意惊飞它们。鸟儿一旦起飞，猎人们就一齐开枪，一声"砰"的响音，就有一只鸟儿从天上掉下来。他们很少失手，有时一枪打过去，鸟儿还在挣扎，那就再补一枪。看来最危险的敌人不是豺狼虎豹和鹰隼等猛禽，它们再残忍，也只是带走一具尸体，而贪婪的人类一旦出现，鸟儿们就要成片地死亡！

不管怎样，鹤鹤归来真是一件值得开心的事。鹤群在沼泽地中捕捉鱼虾，采集水草，并在此度过一晚。次日，鹤群继续沿着黄河顺流而上，抵达"后套"巴彦淖尔平原的乌梁素海。

乌梁素海是黄河改道形成的河迹湖，1850 年，由于河床抬升和地质运动，黄河改道南移，而它原来的主流乌加河注入地陷处形成了现在的乌梁素海。它是中国八大淡水湖之一，面积约 300 平方千米，有 36 个小沙洲，43% 覆盖着芦苇和香蒲。它也是全球 8 条鸟类迁徙通道之一，有"塞外明珠"的美称。

鹤群盘旋在乌梁素海南部的上空，只见大片金黄色的片状或带状的芦苇，顶上白色的穗花随风曳动，好似金色的海洋翻起一簇簇白色的波浪。鹤群选择一片沙洲降落，隐入了茂密的芦苇丛。青衣这才发现，芦苇有两三米高，完全遮住了视线，原本一望无际的湖泊也似乎消失了。

看来这真是一个人迹罕至的世外桃源！芦苇的嫩芽是芦芽，或叫芦笋，是青衣熟知的食物。不过此时的芦苇已经残败，鹤群或啃食芦根，或啄食小鱼，其乐融融。可是，不一会儿，湖面传来隆隆的马达声，鹤群立刻停止进食，伸长脖子观望。虽然在茂密的芦苇荡中看不见来者，但是随着声音越来越近，头鹤拍打翅膀起飞，其他鹤也尾随其后。

只见一艘快艇搭乘着十来个游客，身上穿着橙色的救生衣，手上拿着"大炮筒"（长焦相机），一看到鹤群就兴奋地叫唤，把镜头对准鹤群。刚刚经历了枪杀事件的鹤鹤惊慌地乱窜，鹤群仓皇扇翅逃离。

鹤群落入另外一片芦苇丛中，一边觅食，一边警戒，直到夕阳的余晖把芦苇映得通红，外界的声音渐渐平静，鹤群才开始平静下来。

鸟类迁飞路线的研究

全球现存有近一万种鸟类，其中超过20%是候鸟。这些候鸟每年在固定时间、沿固定的迁飞路线往返于繁殖地和越冬地之间。鸟类的迁徙往往途径多个国家和地区，想要研究鸟类在全球的主要迁徙路线，不但需要可靠的跟踪技术，而且需要国际鸟类研究和保护机构的合作。

人们用多种方法来观测候鸟的迁飞路线，如望远镜观察、卫星跟踪、给鸟涂颜料或套上环志等。早在古希腊时期，著名的哲学家亚里士多德就做过有关鸟类迁徙的观察。20世纪以后，"环志法"被世界各国普遍采用，研究人员将刻有国家、单位、编码等信息的金属或塑料脚环（或颈环、翅环），固定在候鸟的身上，然后做好记录并将鸟放飞。这样一来，只要看看一只鸟的脚环，就知道它来自何方。多个国家的研究者通过信息的分享和组合，逐渐地拼凑出鸟类迁徙的路线。

20世纪80年代末，卫星跟踪系统被应用到鸟类研究中，这更是将鸟类迁徙的研究提到了新的高度。比如，想要获得蓑羽鹤的迁徙路线，首先要给蓑羽鹤装上卫星发射器，当卫星经过这些佩带了发射器的蓑羽鹤的上空时，卫星传感器就能收到发射器传来的信号，然后传感器再将这些信号传送到接收站处理中心。经过计算机处理，蓑羽鹤所在地点的经纬度、海拔高度等信息都可以清晰地显现出来。最后，结合蓑羽鹤的生物学资料，就可以确定它们的越冬区域、中途停留地点和繁殖区域等生态学信息。

研究人员用"迁飞区"来描述某些鸟类的迁徙路线，即其所飞过的区域覆盖的地理范围。总的来说，在全球范围内，鸟类有8个主要的迁飞区，均为南北走向，路线涵盖的地点包括北极、非洲、南亚、东南亚、澳洲和南美洲。其中，印度迁飞区的路线最短，约为10 000千米，其他迁飞区的路线可达15 000千米。同一条迁飞区路线有的鸟类利用了全程，而有的只利用了局部。目前已知的年度迁徙飞行距离最长的鸟类是北极燕鸥，它们一年总飞行距离可达80 000千米，相当于绕地球赤道飞行两圈。

5

# 世界
# 屋脊

终于来到了青藏高原。鹤群造访了青海湖,捕食美味的裸鲤。在这里休整一段时间之后,它们又将启程。

第二天天还没亮，青衣一家就沿着黄河逆流而上，依旧在农田里拾取麦粒，但是十分警惕地和人类保持着距离。一旦感到不够踏实，它们会立刻振翅飞走。几日后，鹤群抵达青海湖，做一次短期休整。

青海湖地处青藏高原，湖面海拔 3 193 米，面积达 4 301.69 平方千米，是中国最大的内陆咸水湖。飞往青海湖的短短几日，鹤群飞翔的高度不断提升，飞行难度也逐步加大：越过长城往南，就从内蒙古高原（海拔 1 000 ~ 1 400 米）进入黄土高原（海拔 800 ~ 3 000 米），而飞过日月山，就从黄土高原进入了青藏高原（海拔 3 000 ~ 5 000 米）。

青藏高原被称为世界屋脊，来到了这里，就注定和崇山峻岭为伴。日月山属于祁连山脉，平均海拔 4 000 米左右，是两大高原的叠合区，被誉为"西海（青海湖古称）屏风""草原门户"。当头鹤领队，小鹤追随时，它们第一次体会到在达里诺尔湖一个多月的训练成果对自己是多么有益。在搭乘上升的暖气流时，青衣已经能够很好地把握时机，御风而行，扶摇直上。

越过日月山，就看到了碧波万顷的青海湖，湖水在阳光的照耀下闪烁着黛绿、浅蓝等颜色，美丽极了。青海湖和黄河还是远亲，在成湖初期，它和黄河水系相通。可是，到了 13 万年前，周围山地强烈隆起，湖东部的日月山上升，原来由西向东注入黄河的一条河流堵塞了，又自东向西倒流回青海湖（它因此得名"倒淌河"），自此青海湖跟黄河便分了家。

这里的鸟类以斑头雁、黑颈鹤、鸬鹚、鱼鸥、棕头鸥著称，但是现在已经是 11 月份，它们早就到南方去越冬了。而青衣在青海湖安家的远亲黑颈鹤，也早在 10 月初就不见踪影。但是，湖面倒是有位特殊的客人——大天鹅，它有可能是从新疆的巴音布鲁克草原来到这里越冬的。

青衣一家在青海湖东南岸的湿地中取食昆虫和鱼虾，而青海湖特产的裸鲤（湟鱼）更是它们喜爱的食物。裸鲤没有鱼鳞，肉味鲜嫩，营养丰富，含脂量高达 12%，含蛋白质 16.14%。裸鲤曾经每年为青海湖的水鸟提供近千吨的食物。可惜，现在裸鲤的数量已经远远不够了。

裸鲤可以生活在咸水中，但是产卵却必须在淡水里。每年的 5 ~ 6 月份，它们洄游到淡水河里产卵。但是，自 20 世纪 60 年代开始，湖周围的几十万亩草原被开垦为农田，而流入青海湖的 108 条河流也被拦河筑坝。许多河流干涸断流，裸鲤的洄游之路被阻塞，大量裸鲤死在河口地带。又因为无法产卵，没有后代，裸鲤的数量越来越少了。

11 月将近中旬，一波强冷空气南下，意味着青海湖就要开始结冰了。这天，鹤群伴着凌晨的月光和星光迁飞。起初天气还不错，但是不久后，大团的云雾翻涌，星星不见了，月亮不见了，而太阳还迟迟不出来。虽然光线越来越亮，但是被包在大团云雾之中，鹤群几乎都看不清对方，更别说看见太阳了。这时，飞行的队形开始松散，鹤群只能靠着相互呼喊来判断各自的位置，确保自己不要离群。

就在这时，青衣忽然感觉到什么东西拍打在自己身上，不是柔软的雨水，不是轻盈的雪花，而是一颗颗圆滚滚的小白球。不会吧，开始下冰雹了！鹤群判断不了方向，还要尽量躲避冰雹，飞行更加困难了。鹤群在空中漫无目标地盘旋，飞行将近一小时冰雹才停，这时鹤群发现云层下面是一片白茫茫的大地。这是怎么回事？

原来，它们并没有按照计划往西南方向飞去，而是往西飞到了茶卡盐湖。这时太阳微露笑脸，好像这是它和鹤群开的一个玩笑。山坡上，藏民五颜六色的经幡迎风飘扬，像是向青海湖致敬，而此刻又像和鹤群道别。鹤群赶紧校准方向，往西南方向飞去。

　　最初，鹤群从中国东北的呼伦贝尔草原出发，经蒙古国哈拉哈河进入内蒙古的西拉木伦河，然后在克什克腾旗进行为期一个多月的飞行训练。进入河套平原后，鹤群在乌梁素海稍作停歇，进而飞至青藏高原，在青海湖补给，之后继续向西南出发，经过冬给措纳湖，以及扎陵湖、鄂陵湖。

　　扎陵湖、鄂陵湖是黄河上游最大的两个淡水湖，是黄河源区湿地的一部分。这里海拔高达 4 300 多米，比青海湖高出 1 000 多米。湖滨多为亚高山草甸，湖区的沼泽、环湖半岛以及扎陵湖内的几座小岛都是候鸟喜爱的栖息地。这里也盛产裸鲤，可惜因为海拔较高、面积较小，湖面已经开始出现白色的浮冰。

　　鹤群在黄河源区湿地进行补给之后，又继续上路了。至此，它们告别黄河之水，开始领略其他高山大川的风采。

鸟类迁徙和天气的关系

　　许多研究表明，天气对鸟类的迁徙有很大的影响，其中风向和雨雪是两大重要的因素。春季迁徙时，鸟类从南往北飞翔，于是它们在高压中心西部、低压中心东部的南风天气里迁徙。北半球的高压作逆时针向外旋转，从其西部起飞，可以获得足够的推力；而低压作顺时针向内旋转，从其东部起飞，能够获得足够的牵引力。再加上南风的推动，鸟类可以节省很多的时间和能量。同理，在秋季迁徙时，鸟类从北往南迁飞，因此它们在高压中心东部、低压中心西部的北风天气里进行迁徙。此时如果没有高气压，没有北风天气，鸟类会等上一两天的时间，直到有利条件到来。另外，鸟类也会避免在多雨或降雪天气迁徙，因为在这种天气里容易迷失方向，并且弄湿羽毛会导致大量热量的丧失。鸟类深谙空气动力学的原理，绝大多数鸟类都会利用顺风和晴朗的天气，以最省力的方式进行迁徙。

# 6

## 下一站，拉萨

鹤群很快抵达那曲河，翻越了念青唐古拉山，然后沿着拉萨河顺流而下，一直抵达拉萨。这也是它们途中重要的一站。

在青海省，鹤群跨过著名的通天河，在扎曲河畔休息。通天河因为《西游记》而名满天下，它是万里长江的上游，汇集了长江正源沱沱河和发源于世界上海拔最高的沼泽地的当曲河等河流的冰川融水，流经青海的4个县。而扎曲河是澜沧江的上游，澜沧江的下游即是国际上大名鼎鼎的湄公河。长江和湄公河下游的三角洲滋养着无数的生灵，但那繁华之地却不是蓑羽鹤要去的地方。

青衣一家飞出青海省，穿过唐古拉山和他念他翁山的中间地带。唐古拉山的东部是青海和西藏的界山，近东西走向，北麓发源的长江、澜沧江—湄公河最后注入太平洋，而南麓发源的怒江最后却注入了印度洋。他念他翁山近南北走向，到了云南省的南段却有另外一个名字——怒山，又叫碧罗雪山，是横断山脉的一支，也是澜沧江水系和怒江水系的分水岭。

鹤群飞过川藏北线，雪地之上的天空忽然翻起大片灰白的云朵。鹤群扎进云朵，顿时间，天空一片白茫茫，地面也一片白茫茫。唯一有颜色的，就是汽车驶过的柏油路和一旁树立的路牌。偶尔有一两头棕黑色的牦牛，在云雾之中穿过雪地。

很快，天上下起鹅毛大雪，借势肆虐的西北风，铺天盖地地拍打过来。鹤群在空中艰难地飞行，分不清南北东西，也看不见前头的障碍物。这是极其危险的，万一撞上硬物，只怕性命难保。在云南的凤凰山，夜晚迁徙的鸟儿在迷雾中看不清方向，竟把村民的篝火看成月光，飞扑过去投火自焚。而在大连老铁山的一个轮渡工地上，许多候鸟撞上了强照明下的三栋浅蓝色建筑，集体自杀了。

为了安全起见，鹤群放慢速度，飞行时小心翼翼、如履薄冰。雪下得更大了，鹤群上下左右都是白茫茫一片。它们在天上盘旋了许久，也不知往哪里飞。忽然，地面隐隐约约有些东西，不知道是否可以躲避风雪。鹤群降落以查看。

原来还是川藏线公路，鹤群兜兜转转又回来了。此处正是下坡，路面有较多积雪，一辆大货车翻在一侧，盖顶的帆布已经破裂，部分货物已经

○ 高山兀鹫 - 丁鹏　拍摄

○ 布达拉宫

倾倒在地。货车前头的一头牦牛已经奄奄一息，鲜血流在洁白的雪地上，还有部分沾在车头。没有人的踪迹。看来这里发生了一场交通事故。

鹤群走近一看，面包、饼干、豆制品等倾撒在周围。一只老鹤用鸟喙啄开了一袋面包，然后津津有味地吃起来。其他的鹤也开始学样，在人类的加工品中寻找可以果腹的东西。在这个人类影响无所不在的星球，越是适应人类，一个种群便有越大的生存机会。

青衣打开了一包饼干，吃出了和以往所有食物不同的味道。虽然不大习惯，但是聊胜于无。鹤爸爸忽然叫唤起来，青衣回头一看，原来它们躲在帆布的裂口中躲避风雪。十几只鹤紧紧地缩在一起，一边取食，一边取暖。等到风雪一停，鹤群就再次上路。

鹤群刚一飞上天空，不远处就飞来一群脖子光秃秃的黄褐色大鸟，它们的头和脖子被有白色的短绒羽，而脖子两侧到后面有披针形的羽簇，像是围了一条大毛领。这就是高山兀鹫，一种大型猛禽，长得比金雕还要强壮。一只猛禽就已经足够可怕了，更何况现在来了一群？

青衣看到后，立刻发出警报声，几只小鹤也效仿。但是成鹤却十分淡定，好像什么事也没发生一样。高山兀鹫也好像没看到鹤群一样，径直往卡车的方向飞去。它们来到死去的牦牛身边，开始了集体大餐。原来，高山兀鹫以爱吃腐肉而出名，被称作"高原上的清道夫"。

鹤群很快抵达那曲河（怒江上游），翻越了念青唐古拉山，然后沿着拉萨河顺流而下。因为是枯水期，拉萨河大部分河床裸露着，河流因而被分成几股小流，在原来的河道中弯弯曲曲地向南流去。拉萨河的两岸，黑褐色的山脉绵延起伏，峰峦重叠，一道道山脊连着一道道峡谷，直到天的尽头。

在拉萨市，鹤群见到一处恢宏壮丽的古堡建筑群，有 13 层，高 115.7 米，红宫、白墙、金顶，坐落山体之上。这就是布达拉宫，世界上海拔最高，集宫殿、城堡和寺院于一体的宏伟建筑，藏传佛教的圣地，世界屋脊上的明珠。

在布达拉宫的西北，有一处候鸟的歇脚地——拉鲁湿地。这是世界上海拔最高、面积最大的城市天然湿地，素有拉萨之肺的美称。暮秋，拉鲁湿地的草地上牛羊在吃草，沼泽地里草丛枯黄，高矮稀疏，把水体分割成无数个小塘、小坑。许多候鸟从北方而来，在此越冬。

青衣一家随着鹤群来到这里，在沼泽地的芦苇丛中休息。在浅水里觅食时，青衣看到几只长着灰白体羽的鹤，头部、脖子、尾羽为黑色，头顶如丹顶鹤一般鲜红。这就是来自青海湖的黑颈鹤。黑颈鹤在拉鲁湿地还见到两个青海湖的老乡：斑头雁和棕头鸥。此刻，它们正在水塘里优哉游哉地游行。假如鸟类会说话，青衣也许会告诉它们"我曾去过你们的故乡，青海湖是个风景优美的地方"。

对于部分鸟类来说，到了拉鲁湿地就可以越冬了，然而对蓑羽鹤来说，从呼伦贝尔草原到拉鲁湿地，还未走到迁徙之路的一半。看这拉鲁湿地，过度放牧、环境污染的问题日益严重，这还不是青衣家族理想的越冬地。在这个驿站短暂停留之后，它们继续沿着拉萨河南下，直到它汇入雅鲁藏布江。

至此，鹤群已经斜穿了半个中国，下一站就要翻越世界上最高大雄伟的喜马拉雅山脉。它们在江畔湿地补给，补充能量，等待天气，做好最后的准备。

○ 黑颈鹤

博士
说有话

## 高山兀鹫

　　在青海、西藏的荒野，经常可以看到空中盘旋着的脖子光秃秃的大鸟，很多时候它们并不怕人，人可以离得很近，这便是高山兀鹫，也称喜马拉雅兀鹫或喜山兀鹫，为中国特有物种。高山兀鹫主要分布于天山、昆仑山、帕米尔高原、喀喇昆仑山、喜马拉雅山及青藏高原等，而在相邻的周边国家比较罕见。高山兀鹫如同一架小型飞机，它体长 90～120 厘米，翼展 280～300 厘米，体重可达到 12 千克。根据我们的观察，高山兀鹫营巢多选择避雨防晒的地方，比如百丈岩壁中部的凹陷处、凸起的巨石下、纹理缝隙中、岩石阶地、纹理断层上，熔岩洞穴里或乱石陡坡灌木丛下。巢内树枝较少，而是铺以细禾草和少量羽毛。高山兀鹫虽然是大型猛禽，但却性格温和，主要以腐肉为食，被称为"高原上的清道夫"。

○ 高山兀鹫 - 宋晔　拍摄

## 斑头雁"过山车"

在一般人眼中，雁鸭类鸟类略显笨拙，但是在现实中它们是鸟类中的飞行高手。其中的佼佼者当属斑头雁，它是少数几种可以飞越喜马拉雅山的鸟类。斑头雁是中型雁类，体长62～85厘米，体重2～3千克，雄性比雌性稍大。通体大多为灰褐色，头和颈侧白色，头顶有二道黑色带斑，在白色头上极为醒目。斑头雁是一种高原鸟类，每年春季在蒙古国、中国青海等地的湖泊地区交配繁殖，而秋天则南迁至印度等地越冬。因此，巍峨的喜马拉雅山成为它们迁徙路上的必经之地，它们飞越时的平均飞行海拔约在4 500米，但时常"忽上忽下"。因为在空气稀薄的高空中飞行时，它的扇翅频率会增加，这会导致心率增加，从而消耗更多能量。对此，斑头雁采用忽高忽低的"过山车"式的飞行模式，可以降低能量的消耗。

○ 斑头雁

7

# 挑战地球之巅

终于要跨越珠穆朗玛峰了。即使对于蓑羽鹤这样善于飞行的鸟类来说，翻越珠穆朗玛峰也不是容易的事。

秋季迁徙途中最艰巨的任务，就是飞越喜马拉雅山脉，更何况青衣一家要飞越的是世界最高峰——珠穆朗玛峰。喜马拉雅山脉是世界上最高大雄伟的山脉，其中有110多座山峰高达或超过海拔7 350米。穿行其间，高山深壑，渺无边际，茫茫雪海，云雾缭绕，实在是一次艰苦的旅程。

所谓人多好办事，为了完成这一壮举，蓑羽鹤进行更大的集群。多一个脑袋，多一双眼睛，就更容易发现危险的天敌，也降低了个体被捕的概率。鹤群首先选出最强壮的领队，因为在这个位置上，气流和飞行阻力都非常大，对体力的要求很高。此外，全体队员必须借助改变队形（"一"形或"V"形）来最大限度地减少空气的阻力。

这天，天气晴朗，鹤群出发了。雅鲁藏布江畔无数的寺庙、佛塔、经幡，

都像是在为它们祈祷。它们越飞越高，村庄越来越远，大地也换成雪地。原本就地处高原，鹤群不知不觉就飞到了 4 500 米，接着又爬升了 2 000 米。这里的空气更加稀薄了，青衣奋力地扇动翅膀，心率以及能量代谢在不断增加。它感到这次和以往任何一次飞行都不同，在高山深壑间穿梭，不断地向上飞跃，能量在迅速地消耗，真的好累！鹤群相互鼓励，好让小鹤不要掉队，青衣只好硬着头皮跟上。

随着飞行高度增加，气温也变低了。海拔每增加 100 米，温度就下降约 0.6 ℃。到了 6 500 米处，温度就比海平面低了约 39 ℃。在这么冷的环境里，青衣一家难道不会被冻成冰棍吗？

幸好，蓑羽鹤在高空快速飞行时，产生的热量保存在体内，即便到了近 9 000 米的高空，羽毛也不会结冰。不但如此，它们的翅膀比其他同体格的鸟儿更长，伸展宽度达 1.5 米，这能给它们更大的升力。最神奇的是，蓑羽鹤的红细胞中含有一种特殊的氨基酸，能帮助它们快速获得氧原子，因此在高空中快速飞翔时，它们不会缺氧，也不会有高原反应。

虽然具备了基本的前提，但是并不意味着飞越必定会成功。还没到中午，山顶上忽然狂风大作，一场大风暴正在积聚能量。仿佛是生命和自然在速度方面的一场竞技，几只头鹤不得不带着大家和暴风雨比赛，一会儿急剧向上爬坡，一会儿旋转避开风暴。它们游走在风暴的边缘，挣扎着不要被席卷进去。风驰云涌间，鹤群集中精力，疯狂扇翅，仿佛身后有千万支箭朝它们射来，真是异常激烈！20 分钟的较量之后，鹤群赢了，暴风雨之上有了一个明媚的晴天。

可是，刚从一个困境中走出来，鹤群又遇到一股强烈的气流。这时恰好在一个山口，往下已经没有退路，难道要继续拔升高度吗？可是，在上一场较量中，鹤群已经消耗太多能量，疲惫不堪，万一被卷入气流，队伍将被打乱，说不定还会相互撞击，实在是太危险了。为了保命，它们不得不半途放弃，无功折返。

折回雅鲁藏布江后，鹤群抓紧时间补充能量，略作修整。休息一天后，

○ 金雕－邢睿　拍摄

鹤群再次出发，向珠穆朗玛峰进军。一次次的尝试，一次次的失败。不知道有多少同伴丧命于天敌的爪牙之下，不知道有多少朋友因为体力不支而葬身于茫茫雪海之中。也不知道还要尝试多少次，才能换来最终的一次成功。但是，在喜马拉雅山北麓多耽误一天，就多流失一点体力，减少一分成功的希望。

这天凌晨时分，鹤群像往常一样相互呼喊着，列队出发。飞行时它们发出"嘎嘎"的声音，相互鼓励。它们用"过山车"式的飞行模式，即飞行忽高忽低，偶尔喘喘气。但即便如此，它们平均飞行高度仍有海拔4 500米。

忽然，一缕晨光穿过脚底的白云，发出金黄的光芒，高山之巅云雾缭绕，要不是寒冷刺骨，很容易让人误以为此处是人间仙境。太阳出来了，它们可以借助太阳来确认方向了。飞在7 000多米的高空，青衣忽然觉得心情大好，没有太多恶劣天气，今天居然出乎意料地轻松。

刚过中午，鹤群中传来警戒声，不知道是谁首先发出的，但是一传十，十传百，很快全体都知道金雕来了。金雕不是单独来的，而是一对。这就奇怪了，金雕是大型猛禽，敏捷的捕猎能手，能够独自猎杀更为大型的鹤类。眼前不过区区的小鹤，而且不乏老弱病残，所谓杀鸡焉用牛刀，金雕为什么要结交朋党呢？

两只金雕分头包抄，分别从左右后方进攻，鹤群开始恐慌了。如果只有一只金雕，鹤群可以利用另外一端进行周旋，变换队形，调整方位，让金雕无从下手。现在小鹤也长成青少年啦，在金雕发起的攻击中，它们也能快速地躲过第一次袭击。只要紧紧跟随鹤群，不要被孤立，就会很安全。可是现在突袭从两面而来，鹤群开始乱了方阵，队伍也不成形状了。

青衣感到一只较小的金雕正在向自己靠近，心都提到嗓子口啦。它竭尽全力地向鹤群靠拢，绝对不能掉以轻心。它才活了半年就亲眼看过许多同伴死去：被老鹰抓走，被毒饵杀害，被子弹击中，因为体力不支而落入山崖……可是现在，它还不想离开这个世界。看到金雕追击的专注眼神，青衣感到十分害怕。

就在此时，鹤群另外一端的小马哥忽然有点掉队了，之前为了营救青衣，它的翅膀被狐狸抓伤，至今仍未痊愈。体型较大的一只金雕一看到这个情景，立刻将它和鹤群分开。可是大金雕并没有马上进攻，而是等待在追赶青衣的金雕过去。小金雕看到另一边的情况，也忽然掉头离开冲向了小马哥。青衣得救了。

这个时候，小马哥的情况非常危急。只有这么一个宝贝孩子，小马哥的妈妈就要崩溃了。它失去了理智，直接就往孩子的方向飞了回去。领队嘎嘎地叫了起来，原来领队正是小马哥的爸爸，它看见妻子自寻死路，不由得着急起来。妻儿都身处险境，它可如何是好？眼看着离成功只有咫尺之遥，可是……

看见小马哥的妈妈冲了过来，小金雕开始追击，一个爪子扑了过去，可是雌鹤迅速地躲开了，并且迅速向另一个方向飞离。大金雕见状，直接追了过去，一爪子击中了雌鹤的翅膀。雌鹤不堪一击，飞速地往下掉落。大金雕一边收拢翅膀，一边伸出爪子抓住它，然后拖着猎物飞走了。小金雕竟然没有继续追击鹤群，也跟在后面走了。

原来，这是金雕妈妈在教今年出生的小金雕怎样捕猎。青衣、小马哥和小金雕，同样是花样年华，可是蓑羽鹤翻越千山万水去越冬，金雕却在高山之巅守株待兔，仿佛造物者就是要把蓑羽鹤送给金雕当做礼物的。食物链的等级关系不但写在基因里，还通过一代代的传承不断地强化。

这次除了小马哥的妈妈，鹤群还失去一批老鹤、幼鹤，都是因为体力不支直接坠入了下面的云海。不一会儿，剩下来的鹤群就翻过了世界最高峰，进入了尼泊尔。

金雕
———

　　金雕是金庸的小说《神雕侠侣》中大雕的原型，古时称鹫，隶属隼形目鹰科雕属，是国家一级重点保护动物。金雕作为繁殖鸟主要分布于我国东北地区的西北部，在东北地区的乌苏里江和鸭绿江为旅鸟及冬候鸟，在新疆、青海、甘肃、山西、河北、陕西、贵州、四川和云南等省区为留鸟。金雕品性高傲、警觉机敏、目光锐利，拥有一对硕大蓬松的翅膀，一双匕首般的利爪，为它赢得"猛禽之王"的称号。

鸟类迁徙如何定位导航？
———

　　鸟类具有相当发达的定向导航能力，在长途迁徙时总能准确抵达繁殖地和越冬地。实验证明，许多鸟类（例如家燕、企鹤）越冬之后，次年春天还能回到繁殖地，利用上一年的旧巢进行繁殖。即使用飞机故意将它们运到远离迁徙路线的地方，在被释放以后数天，仍可在原栖息地见到它们的身影。那么，鸟类是如何进行定位导航的呢？

　　通过实验，人们相继提出了许多解释鸟类定向机制的理论，包括视觉定向、训练记忆、天体导航、地磁导航等。视觉定向，指的是鸟类通过观察地形

○ 金雕

和景观，如山脉、海岸、河流、森林和荒漠等，凭借多年迁徙路上的记忆来找到正确的方向。比如，美洲鹤的老鸟迁徙经验丰富，因此相比幼鸟，老鸟的定位表现相对较好，偏离航道的情况也较少。

天体导航，是指鸟类通过调整自身和太阳、星辰的相对位置来进行定位。鸟类学家克莱默对紫翅椋鸟的研究发现，当用一面镜子更改太阳的方位时，紫翅椋鸟扇翼的方向会作出相应的调整。因此，他认为椋鸟迁徙是根据太阳的位置来定的。其实，不但紫翅椋鸟，企鹅、伯劳也会利用太阳进行定向。欧洲苇莺和白喉雀等则是利用星辰进行定位的。

地磁导航，是指鸟类利用感应地球磁场极性的能力进行定向。鸽子就是利用地磁导航的例子：信鸽在阴天也有很好的定向能力，但是假如在它的头上固定一块具有特定极性的人工磁铁，它就不能正确地返回鸟巢了。

# 8

## 难逃
## 鳄口

翻越了珠穆朗玛峰之后，眼前的色彩逐渐丰富起来。筋疲力尽的鹤群在这里取食，以恢复消耗过度的体力。

鹤群越过珠穆朗玛峰之后，就进入了尼泊尔东北部的萨加玛塔国家公园。"萨加玛塔"是尼泊尔人对世界最高峰珠穆朗玛峰的称呼，此外公园内还有 6 座山峰海拔超过 7 000 米。公园面积 1 148 平方千米，海拔从 8 000 多米下降到 2 845 米，涵盖积雪、苔藓地衣、灌木丛、森林等多种地貌。

对于鹤群来说，高空滑翔比盘旋上升要节约很多体力。它们从苍茫的云海之巅逐渐下降到布满碎石的土坡上，身后的山峰已经隐没在一阵云雾之中。忽然，洁白的地面出现黄的、蓝的斑块，几排帐篷立在风雪之中。一旁拉起的小彩旗沐浴着风雪，有的已经结出冰粒，大风吹动彩旗，冰粒簌簌而落。远处的一队行人层层包裹，双手撑着拐杖，沿着雪地上一条走出来的小路，缓缓地朝帐篷挺进。这里是享誉世界的珠峰大本营，海拔 5 365 米，是一般徒步者的旅行终点，也是专业登山者的梦想起点。

再往下走，星星点点的苔藓和地衣开始映入眼帘。天空的蓝，积雪的白，山体的黑和黄，地衣的褐和绿，多种色彩交织在一起。最引人注目的还是一条流动的冰川雪水，白色的水花堆叠在一道弯弯曲曲的碧蓝之上。地衣匍匐在河中的石头上，借着溅起的水花悄悄拓展势力。

随着海拔渐渐降低，色彩变得更加丰富。植被开始茂密起来，一簇簇灌木丛呈现红黄绿褐灰相间的颜色。后来，高大的松树开始出现，裸露的山地好像披上了绿色的外套。山间，一座藏族寺庙和祭祀经幡映入眼帘，仿佛还是在中国西藏。实际上，这是夏尔巴人所建，他们是中尼边境高山地带的跨国民族，和藏族人民一样信仰佛教。夏尔巴人翻越高山倒换物资，被称为"喜马拉雅山上的挑夫"。

到了 3 440 米处，一座建立在高山上的村庄映入眼帘。南池村，珠峰大本营最大的村庄，建立在陡峭的山壁上，如今是游客补充物资、暂时落脚的地方。村庄底下是一道峡谷，对面的山体飞出道道悬崖飞瀑。水汽、雾气笼罩的森林变得十分潮湿，地衣覆满树干，松罗挂满树枝，瞬间仿佛到了云南西北的原始森林。

最后，鹤群抵达位于都德科西河和波特科西河之间的河谷地带。翻越

○ 加德满都

珠峰的旅程好似坐上了时光机，鹤群跳过了冬天，直接从青藏高原的暮秋进入这里的"春天"。这里四季如春，放眼望去，绿树、草地，一片生机。层层叠叠的梯田上，金灿灿的稻谷迎风招手。已经收割过的稻田里还堆着未干的稻草，旁边留下许多新鲜的稻谷，萨加玛塔国家公园就用这些来招待这群远方的来客。

鹤群顾不上其他，只是埋头取食，直到太阳的光线逐渐暗淡，稻田里已经看不到谷子。这时，天边的绯红逐渐褪去，只有萨加玛塔的几座山峰顶部一片金灿灿。太阳继续西沉，只有珠穆朗玛峰顶端的一丝白雪依旧反光。鹤群飞往都德科西河畔过夜。

吃饱喝足后，青衣梳理羽毛，感到十分舒适。喜马拉雅山脉挡住了西伯利亚的寒流，因此北麓一片萧条，而南麓却是生机勃勃。到了这个春天的国度，大到觅食生存，小到个体感受，都提高了一个档次。

鹤群在尼泊尔过了几日惬意的生活，体重慢慢回升。但是，鹤鹤有点萎靡不振，几天下来胃口不好，也不大爱活动，喜欢盘头睡觉。它的羽毛没有梳理，变得有点松乱。最要命的是它开始腹泻，拉出白色的稀便。我们知道，拉肚子让人变得头昏眼花，口干舌燥，虚乏消瘦，抵抗力差，容易感染疾病。

小时候，当青衣和鹤鹤拉肚子的时候，鹤爸爸、鹤妈妈会喂它们吃酸模叶蓼等蓼科植物。酸模叶蓼的叶片呈细长的披针形，因此又叫柳叶蓼；又因为它的叶片上有月牙形的黑斑，还得名斑蓼。除了酸模叶蓼，其实很多其他的蓼科植物也具有清热解毒、散结消肿、活血止痛、顺气解痉、收敛止泻、通经利尿等功效。在我国，单是蓼属就有81种植物可入药。

利用植物治病，蓑羽鹤也懂。但是，这里海拔较高，鹤鹤找不到原本熟悉的那些植物了。就在它盘头休息时，鹤爸爸叼来了几株野草放在它的面前，示意它吃下。鹤鹤一看，这不是在内蒙古吃过的植物吗？原来这里也有，它的名字叫做尼泊尔蓼，最高生长在海拔4 000米处。除了尼泊尔蓼，这里还有山蓼、冰岛蓼，最高能在4 900米的高山上生长。

次日，鹤鹤跟着鹤群活动，开始正常进食，并且傍晚还梳理起羽毛。父母看着它正常的样子，难以想象它几天前病恹恹的模样。它们跨越了珠穆朗玛峰，却还要继续面对生活的挑战。生命如此脆弱，生命却又如此坚强！

鹤群再次迁飞。当它们飞越距离尼泊尔首都加德满都东部 5 000 米处的帕斯帕提纳神庙上空时，庙宇附近的街道上，新收的水稻还在晒。看鸟人拿着一根长杆，赶走那些贪吃的鸟儿。鸽群在上空盘旋，恒河短尾猿坐在大桥的石栏上。巴格玛蒂河边，苦行僧在阳光下洗礼，几名妇女用河水浣洗衣服。

加德满都被叫做寺庙之城，全市有 2 700 多座大小寺庙，真可谓五步一庙、十步一庵。不久，鹤群抵达皇家奇特旺国家公园，这里以奇珍异兽而著称，是尼泊尔著名的旅游景点。东拉普提河汇聚了来自喜马拉雅山的冰川融水，自东向西蜿蜒流过，并在奇特旺注入纳拉亚尼河。纳拉尼亚河在印度被叫做根德格河，最终注入印度的恒河。

鹤群在奇特旺暂停休息，青衣一家在东拉普提河畔喝水。青衣仿佛听到有什么动静，警惕地抬头张望。原来，身后的密林中，一头独角犀牛妈妈正带着孩子觅食。独角犀牛是尼泊尔的国宝，是陆地上仅次于大象的第二大动物，全身覆着一层厚厚的硬皮，像是一辆装甲车。犀牛母子看到青衣一家无动于衷，因为它们没有自然天敌。而它们之所以濒临灭绝，正是人类造成的。人们猎取独角犀牛的角、齿、骨和血作为药物。在国际上，一头独角犀牛售价可达 3 亿人民币。在人类的压力下，如此威武雄壮的犀牛也要面临种群灭绝的问题。

翻越喜马拉雅山后，环境变得越来越好，食物也丰富了起来。整个鹤群都开始了休整，享受着难得的惬意时光。

然而失去了配偶的小马哥爸爸变得无精打采，而且好几天了，才吃了一点东西。小马哥明白，妈妈因为自己而死，父亲今后将和自己相依为命。看着父亲的哀伤，它懂事地承担起了找食物的任务。

因为腹泻尚未痊愈，鹤鹤的身体仍有些虚弱，鹤群也都比较照顾它。丧母之痛的小马哥和鹤鹤这一阵子形影不离，总是在一起觅食。

这一天它们俩跟随鹤群去一条河流里喝水。有一片水域似乎比较平静，成鹤负责把风，其他成员不紧不慢地喝水。小马哥站在岸上，敏捷地钳住一条小鱼，津津有味地享用起来。鹤鹤宽心地跳入浅水处，把头扎进水里，抖擞了几下，张开翅膀拍水。看到连身体虚弱的鹤鹤都拍打出欢乐的浪花，心情不佳的小马哥都想入河戏水了。

忽然，鹤爸爸看到水中荡起一圈圈涟漪，赶紧发出警报。鹤群的其他成员赶紧伫立观望。鹤鹤把头升出水面，只见一个怪物正在迅速靠近，鹤群慌乱后退，小马哥掉头、展翅没命地往树林里逃去。

鹤鹤也连忙逃跑，可是它在水中央，想逃开哪有那么容易？说时迟，那时快，饥肠辘辘的鳄鱼岂能放过送到嘴边的美食？虽然鹤鹤已经稍微离开水面，但是鳄鱼强壮有力，行动迅速，它往上一跳、一扑，就咬住了鹤鹤的尾部。青衣和父母开始咕咕叫唤，可是鹤鹤惨叫一声，就被拖进东拉普提河了。河面仅剩几根漂浮的羽毛。可怜的鹤鹤警戒心不够，而且还没完全从病态中恢复过来，反应也不如其他鹤快，就被鳄鱼逮住了机会。

青衣一家现在仅剩三口了，它们在岸边凄厉鸣叫，久久不肯离去。

独角犀牛

世界上的犀牛共有五种：即非洲的黑犀牛、白犀牛和亚洲的小独角犀牛、大独角犀牛、双角多毛犀牛。小独角犀牛又称爪哇犀，大独角犀牛又称印度犀，是独角犀属仅有的两种动物。独角犀牛已濒临灭绝，是尼泊尔国宝。

独角犀牛体肥笨拙，体长2～4米，肩高1.5～1.7米，体重900～2 300千克。别看它长这么大，却是植食性动物，喜欢栖息在高草地、芦苇地和沼泽草原地区，以觅食草、芦苇和细树枝为主。独角犀牛身上有明显的皮褶，好像披着一层厚厚的铠甲，铠甲上还有圆钉头似的小鼓包。不过，别看它皮糙肉厚的，其实在皮褶之间，它的皮肤相当细嫩，容易受到蚊虫叮咬，因而它们几乎每天都进行泥浴来防止蚊虫叮咬。

○ 独角犀牛

9

# 否极
# 泰来

青衣一家终于抵达了此行
的目的地，印度奇倩村。这里并
不是水草丰美的地方，可为什么
蓑羽鹤还要选择这里来过冬呢?

青衣一家因为鹤鹤的不幸遭遇而悲伤，它们在东拉普提河边鸣叫不肯离去。直到鹤群已经飞上天空，在上方盘旋等待，青衣一家才跟随鹤群继续上路。不久它们抵达恒河流域。恒河发源于喜马拉雅山脉，注入孟加拉湾，流域面积占印度领土的 1/4，养育着高度密集的人口。

恒河是印度的圣河，印度教民认为去世之后可以借助这条河流通向天国。苦行僧在这里举行宗教仪式，孩子们在河中寻找金币，妇女们在这里洗衣服。此刻，鹤群见到恒河里漂浮着祭祀的神像。

如今的恒河垃圾泛滥，河水浑浊，成了世界上污染最严重的河流之一。鹤群寻找着恒河的上游，那未经污染的地方。它们沿着恒河往上飞来到安拉阿巴德，然后沿着恒河最长的支流亚穆纳河逆流而上。

一天清晨，鹤群在亚穆纳河畔觅食，忽然河里游过一只动物，看不清是什么，只有额隆（额头隆起部分）和嘴喙的一部分露出水面。青衣忽然大惊，它已经领教过河中怪物的威力，现在依然心有余悸，赶忙退到陆地上去。那家伙越游越近，像是在水中寻找什么。后来，它把上半身浮出水面，只见灰色光滑的身体，长长的嘴巴，长得像海豚。

这就是恒河豚，非常稀有的水生动物。随着生态环境的破坏，河流污染日益严重，恒河豚的数量也在逐渐下降。恒河豚离开后，鹤群才到河边喝水。

午后，鹤群经过阿格拉，忽然改变方向，往西边飞去。从 16 世纪到 18 世纪初，阿格拉一直是印度首都，曾经统治了全印度几百年的莫卧儿王朝在此兴起和败落。"莫卧儿"其实是"蒙古"的意思，这个王朝是帖木儿大帝的后裔巴布尔，自乌兹别克斯坦南下入侵印度建立的印度封建王朝。在亚穆纳河的西岸，一栋集宫殿和城堡为一体的砖红色的古堡屹立在阳光下，红砂岩发出耀眼的颜色。这就是阿格拉红堡，至今依旧诉说着莫卧儿王朝当年的辉煌。

接着，有"印度明珠"之称的泰姬陵映入眼帘。泰姬陵位于阿格拉古城，是莫卧儿皇帝沙贾汗为纪念他心爱的妃子（泰姬）于 1631 年至 1648 年所建。

○ 泰姬陵

陵墓由殿堂、钟楼、尖塔、水池等构成，全部用纯白色大理石建筑，用玻璃、玛瑙镶嵌，具有极高的艺术价值。泰姬陵是伊斯兰艺术的瑰宝，和中国长城一起被载入世界"新七大奇迹"的名册。

所谓不到长城非好汉，到印度必游泰姬陵，如今蓑羽鹤也算是匆匆掠过此处了。离开阿格拉，鹤群进入印度西部的拉贾斯坦邦。它们今天的落脚地是凯奥拉德奥国家公园，位于阿格拉西部 50 千米处。

凯奥拉德奥公园拥有湿地、草原、树林等地貌，是世界上鸟类品种极为丰富的地区之一，于 1985 年被列入世界自然遗产。印度的国鸟蓝孔雀在公园内随处可见，濒临灭绝的赤颈鹤也随意游走。不仅是当地鸟，鹤群还遇到许多来自阿富汗、土库曼斯坦、俄罗斯西伯利亚地区和中国的水鸟。

有一种鸟类，青衣在拉萨的拉鲁湿地见过。它长得像鸭子，头顶有两道黑色横斑。这是斑头雁，大雁的一种，是世界上飞得最高的鸟类之一，和青衣家族一样飞越了喜马拉雅山。青衣遇到的这一群来自黄河源区，每年 4 月至 10 月初，它们在沱沱河支流扎木曲河畔的杰比湖繁殖，10 月开始南迁，在雅鲁藏布江补给，然后飞越高山来到印度越冬。它们的同胞在不同的地方度过冬季，例如中国的西藏和云南，以及印度和巴基斯坦等地。

最远的客人应该要数白鹤了。白鹤，又叫雪鹤、西伯利亚鹤，头顶和脸裸露无羽，鲜红色，站立时全身都是白色的羽毛，但是飞翔的时候会露出翅膀末端黑色的羽毛，所以也叫黑袖鹤。它来自西伯利亚的库诺瓦特河下游，属于中部种群，秋冬季节不远万里来到凯奥拉德奥公园。

青衣一家在这个公园暂停两日，看到形形色色的鸟兽。之后，鹤群继续西进，沿着卢尼河来到拉贾斯坦邦的一座小城——珀洛迪。这座小城在 2016 年 5 月 19 日遭遇 60 年来的最高气温，马路都被融化了，这一纪录也被写入历史。现在是印度的旱季，季风从大陆吹向海洋，没有雨水的滋润，卢尼河已经干涸了。

这里就是青衣一家秋季迁徙的目的地，它们将在这里度过冬天。迁徙的鹤群解散，一切活动又以小家庭为中心了。可是，青衣不理解的是，明明有水草丰美的地方，鹤群为何要选择这样一个贫瘠的地方越冬呢？

秘密就藏在距珀洛迪 5 千米处的奇倩村，一个著名的鸟类庇护所。村里专为蓑羽鹤建造了一个 300 平方米（50 米 × 60 米）的饲养场，村民每天在这里发放谷物，食物充足时每天喂养两次，而谷物短缺时只喂一次。蓑羽鹤在这里等待村民的资助，不但无须浪费宝贵的能量，而且不必冒着生命的危险。

在 20 世纪 70 年代，每年大约有 100 只蓑羽鹤途经这个村庄，村里的一对夫妇给它们投食。聪明的蓑羽鹤受到诱惑，每年都来赴约，数量逐年增长。经过了 40 多年，现在每年的 8 月到次年 3 月，都有超过 20 000 只蓑羽鹤在此接受村民和国际鹤类基金会的接济。

在这里接受救济的蓑羽鹤有的来自中国东北，有的来自哈萨克斯坦，而纯朴的村民并不知道它们的来历。村民为什么要喂养蓑羽鹤呢？其实，在印度人的观念中，天生万物，个个平等，蓑羽鹤也拥有享用神的谷物的权利。村民在收获谷物之后就会进行祈祷：神啊，请把谷物赐予蚂蚁、乌鸦、鸽子、孔雀……赐予我的姐妹、子女和客人；请赐予他们好运，我也因此得以糊口。

这种朴素的万物平等的思想，古代中国的智者也曾说过，比如老子有言"天地不仁，以万物为刍狗"。大自然没有所谓的仁慈不仁慈，它对待万物就像对待刍狗（草扎的狗，古时祭祀用）一样。正是因为信奉这种思想，印度齐倩村的村民将自己收藏的谷物送给需要的蓑羽鹤。

蓑羽鹤是印度北部文化的重要象征，在他们的文学、艺术、谚语中，都会出现 koonj（印度北部对蓑羽鹤的称呼）的身影。甚至在日常生活中，他们会把美丽的女士，或者经历危险旅程的人比作蓑羽鹤。在拉贾斯坦邦有一首民歌借蓑羽鹤来表达妻子对远游丈夫的思念，而父母把出嫁的女儿叫做 kurjadi，是雌蓑羽鹤的意思。

在这里生活，不用为了毒饵、猎枪而担惊受怕，真是一件幸福的事情。青衣享受着村民的谷物，此时才真正懂得长途迁徙的意义。不过，这里的

○ 恒河

生活也并非无忧无虑，主要问题有以下几个方面。

首先是食物问题。有时村民的食物不充足，减少喂养次数，青衣一家有时也要到农田里刨食遗留的马铃薯、青稞、荞麦、燕麦、萝卜以及草根等。由于众多候鸟在此越冬，食物不能过于挑剔。

其次是水源问题。这片地区太干旱，有时村庄周围的几个池塘都枯竭了，鹤群不得不飞到更远的地方去喝水。多年迁徙的老鹤是有经验的，有时喝水地点五年三换也是很正常的。

再次是游客问题。自从这里声名鹊起后，越来越多的游客蜂拥而来。这天，青衣一家正在水塘边啄食小鱼，忽然周围响起骚乱的声音。抬头的鹤群发现一个人类的孩子冲了过来，先是发出警告声，而后赶紧起飞。收到信号后，停靠的鹤陆陆续续振翅飞起，天空突然乌压压一片。这时，围观的人类拿着"大炮筒"对着天空一阵狂拍。原来，人类喜欢飞翔的蓑羽鹤，为了拍得几张照片，就故意把鹤群吓飞！而当地的孩子为了挣得几个零钱，也乐意主动为游客服务。有所得就有所失，为了换取足够的食物，有时牺牲一下"色相"也是不可避免的。

最后是过夜问题。卢尼河是一条咸水河，而珀洛迪正好位于河盆地带，河水干涸后，城内形成一片长15千米，宽4千米的盐田。这片盐田地广人稀，狐狸、狼等食肉动物极少涉足，是鹤群过夜的首选之地。但是，盐田有一小片区域是禁区：10%的盐田是村民用来晒盐的地方。假如鸟类涉足盐田，落脚之处盐水就结不了颗粒，更别说那些飘落的羽毛和污浊的排泄物了。为了驱赶鸟类，村民采取了各种方法。蓑羽鹤夜晚需要休息，又要不引人注目，不会选择有光的地方，因此村民在盐田上方打开了电灯。如果还有鸟类不识抬举，那就竖起稻草人，甚至是投放鞭炮，把它们吓跑。

## 恒河豚

　　我们日常所说的河豚（河鲀）是一种鱼，而恒河豚却是哺乳动物，是海豚的近亲。恒河豚是南亚河豚的指名亚种，生活于印度、孟加拉、尼泊尔与巴基斯坦的淡水中。恒河豚体长 200 ~ 400 厘米，体重 51 ~ 90 千克，雌豚大于雄豚。雌雄体色有较大差异，从淡蓝、浅灰、深灰至暗棕色，腹部的颜色比背部与体侧浅淡。眼睛非常小，没有晶状体，实际上无法形成图像，只能感觉到光的强度与方向。不过，恒河豚依靠它的独家本领——回声定位来进行觅食。食物主要是鱼和虾，包括鲤鱼与鲶鱼。恒河豚经常以一定的角度浮出水面，有时只有额隆或头的上半部及嘴喙浮在水面，会被误以为是鳄鱼。

○ 白鹤

## 白鹤

西伯利亚鹤属于大型涉禽。在没有飞行时，它们体羽看起来是清一色的白色，故而得名白鹤。不过白鹤的亚成鸟不是纯白的，身上有许多锈黄色的大片斑块，长大后才逐渐消失。它们飞行的时候，露出黑色的小翼羽、初级覆羽和初级飞羽，因此也称为"黑袖鹤"。在世界范围内，白鹤有3个分离的种群，即东部种群、中部种群和西部种群。东部种群在西伯利亚东北部繁殖，在长江中下游的鄱阳湖等地越冬；中部种群在西伯利亚的库诺瓦特河下游繁殖，在印度拉贾斯坦邦的凯奥拉德奥国家公园越冬；西部种群在俄罗斯西北部繁殖，在里海南岸的伊朗境内越冬。

III

# 艰辛
# 的
# 返程

蓑羽鹤要回到故乡养育下一代了。可是回到故乡的旅程是非常艰辛的，它们在途中遭遇了重重险阻，有些同伴甚至命丧偷猎者之手。

# 1

## 遭遇
## 鹰猎

冬季结束了，蓑羽鹤也要
返回出生地了。回程的路上依旧
艰险。不仅要经历严酷的自然
环境，还要面对盗猎等问题。

转眼间就到了 3 月初，青衣一家已经在印度度过冬天了。此时，生物的本能引导它们：该回家了。如果现在就出发，那么它们回到呼伦贝尔草原，新的一代孵出卵壳的时候，刚好可以迎接那里晚来的春天。

青衣一家抓紧和其他鹤结伴，组队集群准备北迁。从呼伦贝尔草原来的伙伴开始结群，青衣又见到小马哥父子。几天后，鹤群北上，飞越塔尔沙漠。塔尔沙漠位于印度西北部，巴基斯坦东南部，也叫印度大沙漠。虽然有一条拉贾斯坦运河（也叫英迪拉甘地渠），但是早已干涸。茫茫沙海中，一个个沙丘像波浪一般绵延起伏，偶尔点缀着小片低矮的灌木丛。一大片盐田，几棵小树，仿佛是沙漠里的地标。

青衣在空中飞过，忽然见到沙漠的灌木丛中有几只鸟儿。它们长得像小型鸵鸟，灰色脖子两侧有黑色的竖条纹，褐色羽毛满布白色的斑点。这是一群来自中国新疆的波斑鸨。沙漠如此荒凉，对一些动物来说就是生命禁区。但是，对机警的波斑鸨来说，人迹罕至的荒漠地带就是它最好的栖身之所。

鹤群继续前行，忽然一件奇怪的事情发生了。一群男人出现在沙漠里，其中几人手臂上停着猛禽，还有两个人带着猎狗。这种猛禽头顶浅褐色，脖子和腹部偏白，背部褐色且具有黑色横斑。这就是猎隼，一种空中霸主，甚至敢和金雕叫板。青衣看得心里直发怵。可是，威武的猎隼为什么和人类同行呢？

这时，一个带头的男人用手一挥，一只猎隼就朝着波斑鸨的方向飞了过去。波斑鸨发现敌情，立即往反方向飞走。猎隼毫不迟疑地追了过去，像一架高速飞机，一下子上升到波斑鸨的上方。它收拢翅膀，缩回头部，以 100 米 / 秒的速度朝着一只波斑鸨俯冲下去。就在快要撞上的时候，猎隼微张翅膀，用爪子打击波斑鸨。波斑鸨不堪一击，直往下掉落，猎隼飞回。

带头的男人哈哈大笑，周围的人点头称赞，然后另外几只猎隼也被放了出去。虽然晚了一会儿，可是一点都不迟，猎隼很快地追上了逃跑的波斑鸨，不一会儿就又击落了几只猎物。人们笑得更加开心了，两只猎狗往波斑鸨坠落的方向飞奔过去，两个男人也跟着过去收取猎物。

　　早在古代，人们就知道驯养金雕、猎隼等猛禽，为自己捕猎野兔、野鸡、狐狸等动物，从而形成一种鹰猎文化。猎隼曾是一种财富和身份的象征，至今仍有许多人喜欢豢养。而波斑鸨的肉被认为有催情作用，因此也往往成为鹰猎的目标。

　　忽然，一个带狗的男人发现了天上的鹤群，朝着它们放枪。只听到"呼！呼"两声，子弹擦身而过。好在距离比较远，没有造成伤亡。但是，青衣家族担心人们会用猎隼追击它们，吓得像亡命之徒一样逃离。

　　鹤群望见沙地上摆放的一堆鸟儿尸体，像是一个乱葬岗，心中充满了对死亡的恐惧。

　　鹤群没有在沙漠中停留，直到飞出沙漠，抵达印度河。

　　沿着印度河而上，鹤群来到德拉加齐汗的沙漠平原地带，一百多只鹤在此过夜。它们睡觉时将头插入翅膀，在羽毛中保暖。外围由单亲老鹤（如小马哥爸爸那样失去配偶的孤鹤）自告奋勇担任警戒任务，直到天明。夜间一旦遇到险情，警戒的老鹤会发出鸣叫通知大家。如有危险，鹤群起飞离开，寻找安全地带停落。

　　到了夜半时分，一台夜视仪偷偷对准鹤群，一双双邪恶的眼睛在秘密监控着。狩猎营地的人群偷偷靠近鹤群，手里拿着捕网、猎枪等设备。在外守夜的老鹤听到了什么动静，赶紧伸直脖子，竖起耳朵。发现不对劲后，它们立马咕咕大叫，唤醒睡梦中的鹤群。

　　突然，一道亮光划破了寂静的黑夜。此起彼伏的脚步声和不断闪烁的灯光表明，有人来了。外面值班的鹤群发出尖锐的警报声，鹤群开始骚动起来。不等人们靠近，鹤群已经纷纷起飞了。

　　鹤群飞上天空，正要离开，忽然听到地上传来叫声，是它们的同伴在呼唤。那是求助的叫声，好像呼唤同伴不要丢下它们，一声一声多么无助。而蓑羽鹤是情深义重的生灵，听到呼唤岂能置之不理？鹤群降低高度，准备降落。就在靠近地面之时，鹤群发现等待它们的不仅是被关在笼子里的伙伴，还有许多带着猎枪的人！

等它们发现时已经太晚了，捕网已经投了过来，网像雨伞一样打开，困住了蓑羽鹤。它们还想带网飞走，但是捕网的一端连着一个半斤重的铅球，重重地拉着它们往下掉。翅膀根本无法张开，过多挣扎就要折断翅膀。此时，枪声响起了，无法活捉的，那就直接杀死了。

鹤群才刚逃出了狼穴，又撞进了虎口，一夜折兵损将。它们在高空盘旋，呼唤同伴，但是被捉去的亲人再也回不来了。鹤群妻离子散，鸣音凄厉，而与此同时，狩猎营地的猎人们将活鹤关押在笼子里，心里谋划着送亲戚、送朋友。他们一边吃着鹤肉，一边兴高采烈地庆祝。

这仅仅是开始。鹤群遇到的，仅是返程路上的第一个猎鸟营地，前面还有无数个陷阱在等待着它们。这些猎鸟营地大量出现在候鸟迁徙的路线上，每年的春秋两季，有人在此驻扎两三个月，等待猎杀迁徙的候鸟。他们也会捕猎灰鹤、白鹤等候鸟，许多鸟儿的数量因此急剧下降。

虽然同样被称作 koonj（印度北部对蓑羽鹤的称呼），在印度奇倩村，村民爱鹤，并喂养它们，好让它们有获得飞向远方的力量。而在这里，人们喜爱养鹤，却折断它们的翅膀，使它们不再飞翔。

鹤群飞离这片是非之地，重新找了一处地方过夜。次日，鹤群离开印度河，改道由巴基斯坦中部的苏莱曼山脉北上。很快，鹤群发现苏莱曼山脚也有猎鸟的营地在等待它们。它们起飞后，沿着苏莱曼山脉北上，夜里也不敢停留，直到东方出现曙光，天亮了。鹤群松了一口气，白天光线好，视野开阔，容易看清敌人。讽刺的是，以前选择在夜里迁徙是为了躲避猛禽，现在改成白天飞行却是为了躲避人类。

几日后，它们转向西边的古马勒河（印度河的支流），很快就进入了阿富汗。

猎隼

———

　　猎隼是出了名的格斗高手，是凶狠彪悍的一员虎将。虽然它的体型只有苍鹰那么大，但它的凶狠能让很多大型猛禽都唯恐避之不及，就连鸟国国王金雕有时都要让它三分。在猎物眼里，猎隼犹如死神般的存在：无论是地上的啮齿类，还是空中的中小型鸟类，猎隼基本上都是一击必杀。猎隼捕猎的特点概括起来就是：快、准、狠。这主要是得益于它特殊的身体构造。和同等体型的隼类相比，猎隼的翅膀要宽得多，因此在空中飞行更有力量，速度更快。猎隼的爪子也比其他隼类大，爪子的弯曲程度和锋利程度更好，这样抓捕猎物更准。猎隼的喙短而弯，强壮有力，可以把猎物的脊柱切断，比其他猛禽更凶狠。

○ 猎隼

## 如何看待鹰猎

鹰猎，即驯养猛禽进行捕猎。早在 4 000 年前，许多地区的人们就有养鹰、驯鹰的习惯，远古文化遗存的岩画或图腾之中也存在人类的先祖进行驯鹰和狩猎活动的相关记录。随着时代的变迁，鹰猎渐渐淡出人们的视野。近年来，由于种种原因，鹰猎文化又得到世人的关注。

由于猛禽无法进行人工繁殖，所有猎鹰均来自野外，这种文化的复苏势必给猛禽保护带来严重的挑战。这背后隐藏的偷猎、贸易，对猛禽野外种群的危害无法估量。

然而遗憾的是至今人们还没有对鹰猎有一个清醒的认识。不可否认，作为一种古老的技艺，驯鹰曾经在生产、生活中发挥了一定作用。但是，时代已经不同，现在猛禽数量大大减少。人类文明发展的今天需要我们去善待每一个生命，历经几千万年进化的物种不能在我们眼皮底下消失！

2

# 飞过
# 阿富汗

阿富汗气候干旱，多山少水，
战争又摧毁了 50% 的森林，如今
阿富汗的森林覆盖率不到 2%，而
400 万难民还要靠砍树来建造房
子和烧柴取暖。放眼望去，目光
所及之处，都是黄褐色的沙土。

阿富汗并非宁静的地方，这里充满了危险。阿富汗位于印度洋通往中亚的交通要冲，是各民族迁徙、文化交融、贸易往来的枢纽地带。因此，这是一处兵家必争之地，战争连年不休。

鹤群沿着古马勒河而上，然后向西北方向飞去。3月中旬的一天，天气由阴转晴，阳光点亮了云朵的轮廓，几缕光芒穿透一片混沌，远山和大地逐渐有了光彩。辽阔的大地上，黄褐色的山体，黄褐色的土地，偶尔才有几株绿树点缀，大片沙土裸露着，零零星星的小草怯怯地不敢冒头。似乎造物者在绘画阿富汗的时候，已经把绿色用光了。这样的荒凉和塔尔沙漠又有多少差异呢？

继续飞行，忽然青衣看到黄褐色的土地上出现了美丽的色彩。一条小水渠流过绿田，草木开始生长，田地里的花朵一片紫色，开得十分绚烂。水渠流过的地方，土地也有了绿色。这样的生机似乎意味着生命有了活力。鹤群在此停下喝水、取食、宿夜。

那紫色的花朵，长着深红色的花柱头，是一种活血通络、化瘀止痛的珍贵药材——藏红花。阿富汗生产的藏红花是世界数一数二的，主要产区在西部赫拉特省。近年来，在政府的大力推动下，阿富汗全国 34 个省中有 30 个省正在种植藏红花。

天色未亮，鹤群再次出发。当太阳从地平线上升起来时，它们恰好经过一个村庄。人们正在水塘边忙活，手里拎起一只只鲜血淋漓的白眼潜鸭。白眼潜鸭的雄鸟眼睛为白色，头部、脖子、两肋是浓栗色，而雌鸟眼睛是淡色，头颈、两肋是暗褐色。奇怪的是，有几只关在笼子里的鸟儿基本上都有淡色的眼睛。这是为什么呢？

原来，白眼潜鸭的鸭群一般有十几只到几十只，在迁回繁殖地的途中，它们还要完成找配偶的任务。一些人利用这一点，天亮以前就把雌鸟放在水塘里。当雄鸟被叫声吸引而来，准备降落的时候，人类就开枪射杀它们。而那关在笼子里的雌鸟，人类则是特别优待，因为还要利用它们吸引更多的鸟群呢。利用鸟儿同胞作饵，这和青衣一家在巴基斯坦的遭遇多么相似！

○ 阿富汗

村庄一过，眼前又出现大片荒凉之地。阿富汗气候干旱，多山少水，战争又摧毁了50%的森林，如今阿富汗的森林覆盖率不到2%，而400万难民还要靠砍树来建造房子和烧柴取暖。放眼望去，目光所及之处，都是黄褐色的沙土。驼队在荒漠中走过，犹如一条长龙，耳畔似乎回荡着古丝绸之路的驼铃声。

不久，鹤群经过一座城市，看到了马默德苏丹陵和马苏德苏丹的宫殿。马默德是伽色尼王朝（962～1186年）最优秀的君主，而马苏德在位期间，国势由盛转衰，如今只有历史遗迹见证伽色尼王朝曾经的辉煌。

城市里的大街上，许多商人在卖羊毛衣、骆驼毛衣、羊皮靴等产品。加兹尼是阿富汗首都喀布尔到坎大哈的中部枢纽，这里生产的毛皮大衣在世界上首屈一指。

白眼潜鸭

　　白眼潜鸭是一种善于潜水的鸭科鸟类。该种的雄鸟眼睛为白色，在浓栗色的头上显得格外突出，因此得名。雌雄的体色有所差异：雄鸟的头、颈、胸及两胁浓栗色，眼睛、尾下为白色；雌鸟体色呈暗烟褐色，眼色淡，不反光的时候几乎看不到。白眼潜鸭是杂食性游禽，多栖息于富有水生生物和苇丛的淡水或半咸水的湖泊、池塘、海湾以及低湿地，觅食水生植物的球茎、叶、芽、嫩枝和种子，甲壳类、软体动物、水生昆虫及其幼虫、蠕虫，以及蛙和小鱼等。它生性谨慎，经常成对活动，迁徙时也会有十几只到几十只的小群，主要在清晨和黄昏觅食，白天多在岸边休息或飘浮在开阔的水面上睡觉。

○ 白眼潜鸭

3

# 劫难
# 重重

鹤群遇见了一波又一波虎视
眈眈的盗猎者。它们能够逃脱这
一重重劫难，顺利返回故土吗？

鹤群继续飞行、宿夜，然后又是摸黑出发，朝着兴都库什山脉飞去。兴都库什山脉是帕米尔高原的五大山脉之一（其余四条是喀喇昆仑山脉、喜马拉雅山脉、昆仑山脉和天山山脉的西部），呈东北—西南走向，穿过巴基斯坦北部，延伸到阿富汗中部。兴都库什山脉是大分水岭，南麓的河流是外流河，注入阿拉伯海，而北麓的河流为内流河。一般把这条山脉作为中亚和南亚的分界线。

　　天色未亮，忽然前面的山体挡住了去路。而在两面山崖的中间，有一条狭长的过道，许多鸟类由此北上。此处交通繁忙，不利于鹤群摊开排成"人"字形，不过此时吹着东南风，适合在高空翱翔，于是头鹤带领鹤群提高了飞行高度，从山顶越过。就在这时，山崖中鸟儿鸣叫，山上亮起灯光。大事不好了！

　　几百只鸟儿栽进了一张巨大的网里，没有出路，也没有回头路。人类早已知道候鸟的迁徙路线，在它们出发之前就在此埋伏。他们在狭长的过道中拉起一张巨大的鸟网，等到候鸟飞过，就收紧网口，把鸟儿困在其中，黑胸麻雀、赤麻鸭、小火烈鸟，白头硬尾鸭……天哪，这么多的鸟儿将要被送上餐桌！鸟儿们拼命挣扎，苦苦哀嚎，而人类却在欢呼雀跃，沉浸在收获的喜悦之中。

　　惊飞的鹤群离开这片山崖。半天后，东南风不知不觉变成西风，天色变得特别诡异。大风带来阿富汗和伊朗边界干涸湖床上的沙尘，高达几百米的尘埃如同海啸般袭来，一阵浓厚的沙尘将整片大地笼罩其中。天空变成橙红色，然后颜色越来越浓，视野变得十分模糊。沙尘暴在阿富汗很常见，冬季平均每月一两天，夏季平均每月六天。

　　能见度越来越低，地面上的城市、人群逐渐"消失"。风沙不断拍打脸庞，甚至钻进眼睛，太难受了！鹤群不知身在何处，只见眼前红褐色的断崖上凿了许多石窟，就飞进了其中的一个躲避沙尘暴。石窟中有许多佛龛，却没有雕塑。这里原本有许多佛像，可是如今已是空荡荡的了。

　　这是位于巴米扬河谷山崖南面的巴米扬石窟群，造于公元 4 ~ 5 世纪，

○ 班达米尔湖

有成百上千个大小石窟（佛龛窟、僧房窟、会堂窟）。崖壁上原本有两尊著名的大佛，一尊凿于5世纪，高53米，名叫塞尔萨尔，俗称"西大佛"；而东边400米处，还有一尊凿于1世纪的大佛，高35米，叫沙玛玛，俗称"东大佛"。如今也仅剩空荡荡的佛龛。

石窟群反映了大乘佛教的独特宇宙观。实际上，在公元7世纪，中国唐代高僧玄奘去天竺（印度）取经时路过这里，并在其著作《大唐西域记》中对巴米扬大佛作了生动的描述。2001年3月12日，石窟群遭到塔利班的残酷毁坏。随后世界各国（包括德国、意大利、法国、日本和中国等）参与了对佛像的修复和保护工作。

一小时后，沙尘暴过去，天空逐渐明亮起来，视野越来越远。山崖底下就是一片农田，远处是城镇，更远处是山丘。鹤群继续朝着西北方向飞去。地势越来越高，白皑皑的雪山在远处招手。几个小时后，它们经过巴米扬省西部的班达米尔国家公园。天上的碎云朵朵，地上的积雪斑斑，相映成趣。山坡较低处，青草刚刚冒芽，山羊边走边啃，而狼群在远处虎视眈眈。雪豹在很久之前就不见了踪迹，最后一只也不知道被谁捕获了。

在积雪和石灰岩的地面上，一片清澈的湛蓝色映入眼帘。褐色、灰色、白色的石灰岩像被从中凿开，然后灌入宝蓝色的湖水。这就是著名的阿富汗圣湖——班达米尔湖泊群，如同6颗美丽的蓝宝石。班达米尔湖位于石灰华堆积层上，富含矿物质的湖水从岩山地带断层和裂缝里渗出，反射出浅绿色到深蓝色。湖水比蓝天更蓝，蓝得纯粹，蓝得让人沉醉。

班达米尔湖是巴尔赫河的源头，鹤群顺着河流而下，

○ 巴米扬石窟群

就可到达北部的土库曼斯坦、乌兹别克斯坦附近。一天夜里，气温较低，鹤群选择一个避风的山坡过夜。和往常一样，孤鹤守在最外面警戒，强壮的成年鹤筑起第二道防线，去年刚出生的小鹤被紧紧地包裹在里面。青衣、小马哥等一起位于鹤群的中心，而爸爸妈妈则处于外围警戒。

半夜时分，林子里有了动静，鹤群拍翅起飞。只见地面的人走进林子，在树上悬挂的大木箱里放了煤油灯。大木箱看起来是专门给迁徙的鸟群落脚的，而夜里气温低，放一盏煤油灯可以帮助它们取暖。贪婪的人类何时变得这么善良和贴心了，还会为了鸟儿着想？

还未揭开答案，鹤群继续寻找一处过夜的地方。在林子的另一端，大木箱旁来了一群普通鸬鹚，它们好奇地看着大木箱。一只大胆的鸬鹚飞了上去，在木箱里走了几步，看来很安全。接着又来了两三只，舒适地享受煤油灯的温度。鸟群认定这不是陷阱，逐渐地消除了戒心，一只一只地跳上大木箱。

随着停靠的鸟儿越来越多，鸬鹚不断地往木箱里面靠拢。忽然，一只鸬鹚踩到木箱底部的一根木棍，触发了机关，木箱的大门咔的一声滑落，将鸬鹚紧锁在木箱里。怎么会有门呢，哪来的门？鸬鹚这下紧张了，好好的就给关起来了。它们拍打翅膀想要冲出去，可是大木箱是那么稳固，根本没有逃跑的可能。鸟群开始慌乱鸣叫和挣扎，却只是引来了布置陷阱的人们。

在一片生灵涂炭中，阿富汗的150种野生动物多数濒临灭绝，而迁徙的候鸟对当地人来说，无疑给他们提供了一种难得的美味，一个改善生活的机会。

战争对候鸟造成许多危害，迁徙路上的环境被破坏，各种盗猎行为，都可能危及候鸟的生存。再者，被轰炸过的土地中含有的有毒化学物质，如果被候鸟吸收到体内，会影响其返程迁徙能力。很多候鸟已经知道阿富汗的险境，大多已经绕道，不再从这里经过。例如从1999年以后，就没有人在阿富汗见到过西伯利亚鹤。

普通鸬鹚
————

　　普通鸬鹚本是一种分布广泛的海鸟，不过它们中有越来越多的个体来到内陆生活。普通鸬鹚又叫鸬鹚、大鸬鹚，别名鱼鹰、黑鱼郎、水老鸦、鹢（yì）、乌鬼等。这些别名都抓住了它最主要的特征：其一是它的体色为带有金属光芒的蓝黑色，眼和嘴的后方的裸露皮肤为黄色，黄色皮肤后还有一条白色宽斑带。到了繁殖期，虽然颈及头饰为白色丝状羽，两肋具白色斑块，但是依旧不改低调的本色。鸬鹚的第二个特征是擅长捕鱼。它可潜入水中 1～3 米，最深可达十几米，时间最长可达 70 秒。而且鸬鹚善于和同伴合作，群鸟同时出击，把鱼群驱赶到浅水区，最终收入它们的口中。根据统计，一只鸬鹚一年可捕鱼 500 千克以上，人类因此曾驯化它成为优秀的捕鱼帮手。不过，现在这种捕鱼方法仅作表演了。

○ 鸬鹚

4

# 丝绸
# 之路

进入乌兹别克斯坦，返
程路上最危险的一段路就结束
了。它们在乌兹别克斯坦东
南部的山麓地带补充能量。

鹤群沿着巴尔赫河来到阿富汗的边境，眼前正是阿姆河。阿姆河发源于兴都库什山脉，经塔吉克斯坦流经四国边境（南面为阿富汗，北面自东向西分别是塔吉克斯坦、哈萨克斯坦和乌兹别克斯坦），向西北进入土库曼斯坦，然后经过乌兹别克斯坦注入咸海。

鹤群进入乌兹别克斯坦，一路北上。经过一段艰辛旅程，鹤群急需休养生息，于是在乌兹别克斯坦东南部的山麓地带补充能量。乌兹别克斯坦是世界上两大双重内陆国（本身为内陆国，邻国也为内陆国的国家）之一。虽然夹在中亚的两条大河之间，但是它的气候极度干旱，地表水分布很不均匀，在广阔的平原地区没有任何河流或湖泊，甚至还有一望无际的克孜勒库姆沙漠，而山麓地带及山区却遍布纵横交错的河网。

在东北部山区的河道里，青衣终于可以好好地洗一个澡。它走到浅水处蹲下，将身体泡进水里，就像人类进入浴缸一样。接着将头部缩进水里，迅速收回，而后剧烈抖动。接着，它把身体卧在水面上，双翅在水中剧烈振动，尾也随之上下拍打。头时而扬起，时而伸进水中，再猛然收回，在背上做背滑动作，以此把水撩到身体上面。振翅、拍羽，反复几次，就洗好了。洗完后，抖动头和翼把水甩出，做振翼、展翼、梳羽、背滑动作。真舒服！

鹤群在河边取食，它们的菜谱荤素搭配。素食主要有植物的根、茎、叶和种子，觅食地周围的白尖苔草、圆囊苔草、早熟禾等都是它们的食物。仅仅有素食是不够的，青衣爸爸还会取食一些螺蛳等水中的软体动物。此外，它们也吃一些砂石之类的坚硬物质，以帮助消化。

几日后，鹤群继续北上，经过沙赫里萨布兹古城。沙赫里萨布兹古城是中亚陵墓最多的城市之一，是古帖木儿帝国（1370～1507年）缔造者帖木儿的出生地，在帝国期间，此城也是帖木儿大帝夏日的居住地。2000年，这里被列入世界文化遗产名录。

帖木儿何许人也？他是莫卧儿王朝创立人巴布尔的祖先。换句话说，鹤群在印度经过的阿格拉古城，还有泰姬陵，就是帖木儿大帝的后代所建。莫卧儿王朝在一定程度上是帖木儿帝国的延续。

○ 阿克萨莱宫遗址

帖木儿自称是成吉思汗的后人，并且和中国明朝有着奇妙的关系。1368年，朱元璋建立明朝，要求西域各国进贡，但是帖木儿即位后没有理会。20年后，帖木儿表面称臣，并遣使进贡，而实际上是在打探明朝国力，企图侵吞。1396年，帖木儿扣押明朝使臣。1404年末，帖木儿率领20万军队侵略中国，结果在1405年初在进军途中病死，侵略也就不了了之。

　　帖木儿大帝一生东讨西伐，南征北战，全盛时期国土东至现在的塔吉克斯坦、吉尔吉斯斯坦，西至叙利亚和土耳其，南至印度北部，是个名副其实的大帝国。帖木儿帝国曾经的强盛，从诸多建筑和遗迹中可见一斑。

　　鹤群飞过的地方，一尊帖木儿雕像立在两堵高高的门墙前面，像是在守护着他的地盘。这是阿克萨莱宫，是帖木儿夏宫的遗址，门廊高达40米，但是这个高度还不及当年的三分之二。接着就看到帖木儿的孙子兀鲁伯（也翻译为乌鲁格别克）所建的拱拜孜清真寺，蓝色的穹顶十分引人注目，其中最大的一个圆顶直径达46米，是乌兹别克斯坦之最。

　　不久，它们来到80千米以北的撒马尔罕。郊区大片的冬小麦已经有了黄意，不过还要再过一个多月才能收割。对面的大片农田却好像无人耕作，裸露的黑土地上，杂草开始偷偷冒芽。在麦田和空地的中间有一条狭长的桑树地带，就像划分一副巨大棋盘的楚河汉界，新的桑叶开始生长了。

　　桑树，来自中国的树种，在乌兹别克斯坦扎根生长，算起来也有1 000多年的历史了。乌兹别克斯坦种桑养蚕的传统，还得从丝绸之路说起。大约在公元前1388年至公元前1135年，中国的养蚕业就开始兴起。西汉建元三年（公元前138年），汉武帝派遣张骞通西域，最远曾到达中亚一带，我国古代的丝绸，大体就是沿着张骞通西域的道路，从昆仑山脉的北麓或天山南麓往西穿越葱岭（帕米尔高原），经中亚，再运到波斯、罗马等国。后来蚕种和养蚕方法也是先从内地传到新疆，再由新疆经"丝绸之路"传到西亚、非洲和欧洲。

　　乌兹别克斯坦是丝绸之路上的一个重要驿站，它从其他国家引进的不仅仅是蚕桑业。乌兹别克斯坦是世界上有名的棉花生产国，号称"白金之国"，而棉花的原始产地是印度和阿拉伯。现在，棉花已经成为乌兹别克斯坦重要的经济支柱，每到播种、收获时期，乌兹别克斯坦的医生、护士、教师、学生，几乎倾举国之力都在田间劳作。鹤群所见的麦田对面的空地，不久就会有众多的人来劳作，然后成为一片棉田。

此时的食物还是比较紧缺的。鹤群在麦田边上的水渠里啄食鱼虾，啃食野草。青衣发现其他的鹤都在边吃边走，只有一只老鹤独自在田埂上啃食什么，许久也没有移动位置，它忍不住过去看看。只见地上鲜肉连着骨头，外面覆有灰色的毛皮，应该是一只老鼠，大部分老鼠肉已经被老鹤吞食下去。原来老鹤找到了好东西，打算闷不作声地独自吃完，不料被青衣看见了。

青衣走了过去，也想分点残羹冷炙，但是老鹤毫不客气地把老鼠叼走，走到一旁继续享用。青衣只好到父母身边讨点吃的，虽然它现在已经不小了，但是在父母眼里，它依然是个孩子。鹤爸鹤妈允许青衣从它们的口中夺取食物，就当作是父母对子女无私的付出吧。

到了集队的时候，有只老鹤没有出现。鹤群飞上天空盘旋，呼唤它们的同伴。这时，青衣看到田埂上躺着一具鹤的尸体。那就是吃了老鼠的老鹤，死得这么快，不大可能是因为疾病。莫非是因为中毒？人们放的杀虫药毒死了老鼠，而老鹤吃了老鼠，毒性发作了。

不久就会有高山兀鹫来处理老鹤的尸体，鹤群向撒马尔罕市区飞去。城市里的草地逐渐爬满绿色，而落叶乔木仅有黄褐色的枝条，桃花在光秃秃的枝条上写满了诗情画意。一场大雪过后，花枝沾上了白雪。

离开撒马尔罕，鹤群抵达乌兹别克斯坦东北的艾达尔库尔湖。该湖的湖水来自中亚最长的河流——锡尔河。自 19 世纪 60 年代起，为了防止洪水泛滥，锡尔河的河水被引入阿尔纳塞低地，久而久之就形成了湖泊。因为艾达尔库尔湖分流了锡尔河的河水，阿姆河也被广泛引用灌溉，下游的咸海注入量不足，面积日益缩小，许多原本生活在咸海的水鸟因此转移到艾达尔库尔湖居住。

鹤群在此略作停顿，然后沿着锡尔河进入哈斯克斯坦。

○ 蓑羽鹤幼鸟

## 鸟类洗澡

　　洗澡和梳羽是鸟类的重要习性，可以帮助它们保持身体的清洁，减少疾病的发生。鸟儿不论体型大小，都需要洗澡和梳羽。根据地理环境和鸟的习性，洗澡大致分为水浴和沙浴。大部分鸟类采取水浴，而地栖性鸟类也有沙浴的习惯。鸟儿洗澡、清理全身的羽毛，不但能够维护自身的良好形象，而且可以驱除羽毛上的寄生虫，有助于飞行的顺畅和身体健康。

　　别看有的大型猛禽、涉禽看起来威猛凶悍，人家洗起澡来可是慢条斯理，温文尔雅。而那袖珍娇小的林中鸟儿，洗澡讲究速度，往往是风风火火，干净利索。游禽本身就常在水中浮游，它们洗澡的时候，简直可以用翻天覆地来形容。

○ 蓑羽鹤理羽 - 赵序茅　拍摄

IV

# 青衣
# 长大了

回到故乡以后，父母要开始新一轮养育雏鸟的工作，已经长大的青衣不得不开始独立的生活。

# 1

## 失宠的青衣

返回出生地之后，青衣突然发现一直宠爱自己的父母对自己的态度越来越糟，最后竟然试图把自己赶走。这是为什么呢？

哈萨克斯坦是世界上最大的内陆国，地势从东南向西北倾斜。其东南部就是天山。天山横贯中国新疆维吾尔自治区中部，西端伸入哈萨克斯坦、吉尔吉斯斯坦。这里雄奇险峻的山峰长年被积雪和冰川所覆盖。

4月初，当鹤群抵达巴尔喀什湖时，湖面刚好开始融冰，青衣一家得以在湖的西南岸，伊犁河口的沼泽地里喝水。巴尔喀什湖因为一半是咸水，一半是淡水而出名。湖的东西半部由一条狭窄的水道，即乌泽纳拉尔湖峡连接。西半部接纳了伊犁河为它送来的天山雪水而为淡水，而东半部只有几条小河注入，加上蒸发严重，就变成了咸水湖。

此时的沼泽还未换上春装，一片黄褐色。青衣的爸爸中大奖啦，它在积雪覆盖的芦根处挖到一只冰冻的青蛙！这可是难得的美味，引得鹤群一阵骚动。每只靠近的鹤都想一尝美味，情不自禁地去抢夺鹤爸爸口中的青蛙。鹤爸爸在这种抢夺中感到不安，它左闪右躲，不让别的鹤嘴靠近。但是，躲过了这只，又来了一只，鹤爸爸只好急切奔走，远远甩开嘴馋的同伴。

鹤爸爸想要尽快把青蛙吃掉，免得夜长梦多，但是青蛙被冻得就像一块坚硬的石头，根本无从下口。鹤爸爸只好把它浸在水中解冻，不时地拉回来试探柔软度。就在它刚把青蛙开膛破肚的时候，青衣跑过来了。鹤爸爸把所有的工作处理好，青衣一来直接就把爸爸挤走了，然后独自享受这顿大餐。这就是父母甜蜜的负担，而青衣还是一个爱撒娇的孩子。

在这里停留了几日，鹤群继续向东北出发，往阿尔泰山脉的方向飞去。阿尔泰山斜跨中国、哈萨克斯坦、俄罗斯、蒙古国境。鹤群越过阿尔泰山，进入蒙古国。蓑羽鹤秋季迁徙和春季迁徙的路线不同，但是蒙古国是唯一一个在两次迁徙途中都会经过的国家，秋季迁徙时自东部的小角落自北往南，而春季迁徙时自西往东横穿过去，经西部大湖盆地、中部山地、东部丘陵和平原，最终抵达中国内蒙古的呼伦贝尔草原。

不知不觉，鹤群就来到乌兰巴托郊外的一片草原。虽然已近4月中旬，可天气依旧寒冷，突然间阴天刮起了大风，随即下起雪来。看来，今天又不适合外出觅食，鹤群饿着肚子，缩着脖子，将头埋在翅膀下面保暖。等到雪

停，黄褐色的草地穿上雪白的外衣，青衣紧跟着鹤爸、鹤妈外出，看看有什么好东西吃。

忽然，鹤妈妈在草根中挖出一只冬眠的虫子，青衣兴高采烈地凑过去，想从妈妈嘴里叼过来，可是鹤妈妈把头扭到一边，自己把虫子吃了进去。咦，这是怎么回事呢？妈妈从来没有这样不顾青衣的饱暖。这时，鹤爸爸也挖到一只虫子，可是青衣还没靠近，虫子就被爸爸吞进肚子里了。青衣撒娇地咕咕鸣叫，但是爸爸若无其事地走开了。更加奇怪的是，这样的事情一直重复着，鹤爸、鹤妈不再允许青衣从它们口中夺过食物。青衣不知道父母在秘密谋划着什么。

记得小时候，每当天气骤变，飘起雪来，两姐弟就会蹭到爸妈身边，父母就会张开翅膀为它们遮挡风雪。要是找不到食物，父母就会把口中的美味叼到它们的嘴边。后来，下雪的时候，父母嘎嘎地呼叫更多的同伴，鹤群聚到一起，成鹤在外，幼鹤在里，靠着团结的力量来抵御寒冷。飞越各国时，每当它们以小家庭为单位活动时，爸爸妈妈很多时候都在警戒，而孩子可以安心地就餐。

而现在，青衣长大了，不再害怕风雪，不再需要呵护，鹤爸、鹤妈好像在有意疏远孩子。其实，它们自有打算，孩子真的长大了，应该独自生活了。回乡之日已经进入倒计时，它们的二胎计划也将要启动了。在繁殖期，蓑羽鹤以家庭为单位活动，领域（白天觅食地、晚上夜栖地）内只有亲鸟和1年龄以内的幼鸟。鹤爸、鹤妈没有过多精力分给青衣了。为了降低觅食的难度，提高二胎的成功率，青衣必须去其他地方自立门户。

鹤群顺着克鲁伦河往东直下。克鲁伦河是呼伦湖的支流，走到尽头就是故乡了。4月下旬，鹤群回到了呼伦贝尔草原，天气逐渐变暖，它们纷纷解散，各自寻找领地去了。青衣父母找到一块适合做巢的地方，准备在此繁殖。但是，眼前最大的障碍就是青衣。

鹤妈妈先"出手"，它伸长脖子，翅膀张开，对青衣发出警告的声音，好像在说"不要过来，这里是我们的地盘"。小时候，青衣父母做这个动作是为了驱赶牛羊和其他动物，而青衣安全地躲在父母的身后。而现在，鹤妈妈把自己当做外人，不允许越雷池一步。每当青衣靠近，鹤妈妈就迅速用翅膀挡住，不允许青衣进入。青衣向左，妈妈就挡住左边的去路；青衣往右，妈妈就堵住右边的通道。它只好静静等待机会，和妈妈僵持下去，一旦看到妈妈松懈，它就偷偷跟上。

襄羽鹤繁殖期间的领地意识很强，不允许任何人侵犯。青衣不肯离去，对鹤爸、鹤妈未来的孵卵有潜在的威胁。这时，鹤爸爸要开始动武了。它和鹤妈妈并肩，对青衣发出警告。青衣依然无动于衷，鹤爸爸走上前去，用鸟喙去啄青衣。青衣毫无准备，头上的羽毛被扯下几根。它不敢相信父母竟然这样对待自己！

可是，当它一靠前，鹤爸爸继续发动攻击，一下子就把羽毛脱落的地方啄破皮了。青衣有点害怕地后退，可是鹤爸爸不肯放过，它一路驱赶，直到把青衣赶出自己的领地。

青衣不能靠近，只好远远看着。它漫无目的地走着，虽然已经回到家乡了，可是它却不知道何处是归处。忽然，邻居的一只青年鹤悲伤地叫着，可以看出它的头部也有伤痕，显然也是被父母赶出来的。青衣和它擦肩而过，谁也没有搭理谁，各自找个地方过夜。此时它们心里依然抱有回到父母怀里的奢望。

第二天，青衣再次来到父母的领地，又再次被赶了出来。这次鹤爸、鹤妈一同进攻，来势汹汹，三两下就把青衣的皮肉啄破，流出鲜红的血液。青衣一次次地靠近，父母一次次地驱赶。父母变得如此绝情，就算青衣误入其他鹤的领地，人家也是先宣示，再动手。现在，它只要一进入爸妈的领域，它们就开始进攻。如此几次反复，直到被双亲啄得头破血流，它才无奈地离去。

这天傍晚的夕阳特别美丽，但是青衣只有一个孤独的影子作伴，不知未来将要何去何从。忽然，天上掉下什么东西，砸在青衣的身旁。它仔细一看，原来是一只废弃的矿泉水瓶，青衣爸爸用爪子抓住瓶子，飞到领地之外，将它丢了出来。任何威胁父母繁殖的物品都会被驱逐，连矿泉水瓶也不例外。

飞越喜马拉雅
的
旅行家

青衣忽然明白了：它和矿泉水瓶一样，都是父母嫌弃的东西。从此，它将和其他遭遇同样命运的小鹤为伴，过着游荡的生活。

这天，青衣在湖里洗完澡，往岸边走的时候，忽然看到一个熟悉的背影。那不是小马哥吗？

"咕咕"，小马哥叫了一声。

天呐！真的是它。自从回到呼伦贝尔之后，鹤群已经解散，再次以家庭为单位活动了，因而青衣已经很久没有见到小马哥了。现在仔细打量了一下，发现这个小伙伴真的活生生站在眼前，长得比以前更结实、更强壮了。

失去了配偶的小马哥爸爸一直很悲伤。由于失去了伴侣，它不像青衣的父母那样开启下一轮繁殖，而是和小马哥相依为命，并且以丰富的经验为鹤群承担起了警戒任务。

之后，青衣加入了小马哥和它爸爸所在的鹤群。有了小马哥的陪伴，还有小马哥爸爸的教导，日子过得很快。

## 驱赶小鹤

对于那些已有"子女"的蓑羽鹤而言，在次年的繁殖期要进行新一轮的繁殖，首先必须抢占一片资源丰富的巢区，在其中选取相对隐蔽之处筑巢。这时，上一年出生的小鹤会跟着来到巢区，而蓑羽鹤亲鸟不得不将它们赶走，让它们去过独立的生活。对于亲鸟来说，生物的本能驱使它们传递更多的基因，此时的关键是集中精力进行下一轮繁殖，而照顾去年生的小鹤会消耗它们的能量，影响它们对繁殖的投入。但是，小鹤们岂肯轻易离开？一般被赶出后，小鹤还会再次返回双亲身边，反复数次，直到被啄得头破血流才极不情愿地离去。之后，小鹤和其他遭到同样命运的小鹤，还有失去伴侣的孤鹤一起混群，过着游荡的生活。

○ 单只蓑羽鹤 - 西山物语　拍摄

# 2

## 爱的舞蹈

转眼间，青衣也到了成熟的年龄，需要寻找自己的伴侣了。它能找到陪伴自己一生的所爱吗？

寒来暑往，转眼间又到了迁徙季节。青衣又见到了父母，还有它的妹妹——父母今年孕育的一只雌鹤宝宝。马上就开始集群了，青衣回到了父母所在的鹤群，再次完成伟大的迁徙。

如同往年一样，鹤群斜跨大半个中国，越过珠穆朗玛峰，途经尼泊尔，抵达印度的西海岸。然后到了春季，它们北上巴基斯坦、阿富汗、乌兹别克斯坦，经哈萨克斯坦、蒙古国，抵达故乡。

5月上旬，呼伦贝尔草原上还有大片的积雪未化，而融冰点点的地方已经有了斑驳的绿色。此时，在呼伦贝尔草原上，一对对蓑羽鹤小夫妻开始筑巢、起舞、交配、产卵。草原似乎开启了舞厅模式，处处可见蓑羽鹤的舞蹈，求偶之舞，夫妻之舞，给这片冰天雪地增添了几丝暖意。

2岁的青衣已经性成熟了。自然也是十分渴望找到自己的伴侣。它漫步在呼伦贝尔积雪未化的草原上，一边飞一边走，寻找着食物和伴侣。

突然，远处传来熟悉的"咕咕"声。那是谁？

只见一只年轻健壮的雄鹤正向着自己鞠躬，它微曲长腿，脖子几乎要碰触地面，像一位彬彬有礼的绅士在邀请舞伴。那是小马哥！就是小时候和青衣一起长大，后来又一起翻越喜马拉雅山，再回到它们出生地呼伦贝尔大草原的小马哥！

小马哥的头部像一条灵活的游蛇，目光始终追随着心上人，时刻观察对方的神态。同时，它张开翅膀，将平时下垂的飞羽举过肩背，飞羽和翅膀呈现美妙的曲线，正面看上去就像一副羽毛装饰着的巨大盘羊头骨。它观察青衣的反应，然后回到站姿，继续鞠躬做盘羊体势。

青衣也许是没有料想到自己的爱情来得如此突然，一时间竟然没有任何反应。

小马哥以为青衣没有被打动，它紧张起来，开始更加卖力地表演。它在青衣周围一边上下跳动，一边咕咕鸣叫。等着青衣再给一次机会，它加快了鞠躬、扇翅的频率，前后跳动。

青衣终于回过神来。它确信，这的确是小马哥向自己发起的爱情邀约，于是扇扇翅膀，一起加入了舞蹈。两鹤起舞，就意味着雄鹤赢得了雌鹤的

芳心，两人结为伴侣，厮守终身。

青衣和小马哥在草原上游走，处处可见鹤夫妻在翩翩起舞，有时还目睹了它们和同胞争夺地盘。鹤夫妻选完巢址，防御领地，若是有人来犯就进行武力驱逐。哪怕是亲生骨肉，也不可侵犯父母生儿育女的权利。对于这点，青衣早已深有体会。有时，青衣也会不小心误入别人的领地，马上就受到男女主人的警告，它为免一战只得飞离。

然而，有的新婚鹤夫妻是故意入侵的，如果它们也看上同一片区域，就会和原主人进行一番较量。它们采用迂回战术，声东击西，让原主人怒气冲冲地飞来飞去。一片好的领地经常会有争夺者，原主人想要守住需要很好的体力和毅力。而侵入者也知道不会轻易抢到，多多少少抱着侥幸一试的心理。直到分出胜负，各自找到合适的领地，并且营建鸟巢。

在新婚之后的一段时间，小马哥和青衣夫妻俩几乎每天都会跳舞。小马哥反复对着青衣做鞠躬—翘尾的动作，鞠躬的同时扭动灵活的脖子，翘尾时把翅膀微微张开。之后便开始更加复杂的舞步：展翅、鞠躬、跃起、落地，连续重复好几遍。它还兴奋地跳来跳去，把舞场拉开，但是中心只有一个，那就是它的妻子。

接着，它们开始对舞。小马哥轻舒两翅，慢挪脚步，围绕青衣旋转，边转边舞。青衣也将双翼微微张开，轻巧地踏着舞步迎向小马哥。彼此有进有退，配合默契。舞到高潮，夫妻俩开始轮流跳跃。小马哥刚一落地，青衣就腾空而起。青衣飘飘下坠，小马哥又腾跃空中。跳跃多次后，它们开始交配，直到成功产卵。

进入孵化期和育雏期，蓑羽鹤夫妇共同担任照顾后代的任务。蓑羽鹤是非常忠贞的鸟类，一个伴侣过一生。如果幸运的话，待到彼此都垂垂老矣，还有对方陪伴在身旁。

而对于这种刚刚成家立业的年轻夫妇来说，哺育后代是非常重要的。当年彼此抢夺小鱼的小马哥和青衣，如今已被岁月历练得威猛沉稳。它们也将有自己的后代，一代一代地延续下去。

蓑羽鹤

飞越喜马拉雅
的
旅行家

IV　青衣
　　长大了

# 后记

蓑羽鹤 2 岁性成熟，人工饲养条件下寿命可达 27.5 岁。但是因为野外的生活充满了危险，许多野鹤都没法存活那么久。青衣一生若有十余载，在一年一度的环回迁徙中，它将体验气候、生态环境等的日渐变化。

呼伦贝尔草原，世界上三大著名的草原之一，如今因为过度放牧而多处沙化、半沙化，草原褪去绿色的外衣，裸露出大地黄褐色的伤疤。20 世纪 80 ~ 90 年代，呼伦贝尔草原退化的面积仅 9%，但是到了 21 世纪，退化面积增加到 55% 以上，在 2012 年甚至达到 88.62%。没有了绿草，草原距离荒漠还有多远？

曾经美丽的呼伦湖，因其最重要的河流克鲁伦河径流量逐渐减少，河水注入量不足，水位逐年下降。到了 2012 年，呼伦湖的面积缩减到 1 750 平方千米，仅为十几年前的 1/2；蓄水量下降到 45 亿 立方米，约为原来的 1/4。湖中长满藻类，湖畔到处是马粪，空气中弥漫着蚌肉的臭味。

在蓑羽鹤的飞翔训练营，有"草原明珠"之称的克什克腾旗，达里湖也在慢慢"瘦身"，水体营养程度增加，鱼儿产量在减少，而周边的湿地开始萎缩，牛羊过载使得草原退化。许多大型风力发电机组在山口隆隆作响，许多鸟类放弃了在此栖息和活动。虽然鸟类的视力很好，在晴天会绕过这些发电场，但是在雾天和雨天很容易撞上发电机。

河套平原的乌梁素海是鸟类迁徙的重要通

道，素有"塞外明珠"之称。但是，由于它主要补水来源于农田退水，其中主要化学指标是化肥的残留物氮和磷。氮磷排入乌梁素海，导致水草疯长，腐烂淤积，湖水缺氧，鱼类死亡。难以想象迁徙的鸟类来到这里，乌梁素海却没有食物来招待它们。

阿富汗的班达米尔湖蓝得沁人心脾，一千多年的巴米扬石窟群展示着古老而辉煌的佛教文化。它们都见证了鸟儿的旅程。

无论在国内还是国外，盗猎的情况仍旧屡禁不止。偷盗者利用各种手段，投放毒饵、大张鸟网、用枪射杀、木箱陷阱，甚至利用鸟类对同胞的吸引力……当蓑羽鹤为了同伴的呼唤而回来时，当为了同伴的死亡而盘旋时，盗猎者竟以此为乐。

青衣的后代将随它完成迁徙的使命，而生存的挑战日益严峻。假如它们躲过食肉兽类的追杀，躲过猛禽的爪牙，翻越了珠穆朗玛峰，它们是否能够避开战火的轰炸，是否能够躲过人类的猎枪，是否能够在迁徙途中的每个驿站都找到充足的食物？而当它们回到栖息地，这里的环境是否适合继续生活？它们的种群能否安全地延续下去？

蓑羽鹤的迁徙被称作"最伟大的迁徙"，因为它们飞行的距离远、高度高、难度大。然而，对蓑羽鹤来说，这些自然因素远远比不上人类制造的困难，人类才是它们生存的最大威胁。

而人类何时才能反省自己的行为？所幸的是，有些地方已经开始回应生态污染敲响的警钟。

近几年来，呼伦湖接受海拉尔河的引水，但愿能够守住它的美丽。克什克腾旗采取季节性禁牧，绿化面积得以增多，沙尘日也相应减少。乌梁素海采用生物修复方法，污染的水域逐步得到治理。

假如没有污染，没有战火，没有盗猎，这是一个多么美丽的世界！生态好，动物存活，人类才会活得更加精彩。蓑羽鹤和人类栖息同一个星球，分享同一个梦想。

但愿青衣的后代能见到它回忆里所有的美丽！